T0225071

BIRKHÄUSER

Parallelimporte von Arzneimitteln

Erfahrungen aus Skandinavien und
Lehren für die Schweiz

Zusammenfassung und Übersetzung der Dissertation:

Parallel Trade of Pharmaceuticals

Evidence from Scandinavia and Policy Proposals for Switzerland

von

Cédric Julien Poget

Birkhäuser
Basel · Boston · Berlin

Cédric Julien Poget
WWZ
Universität Basel
Petersgraben 51
CH-4003 Basel

Bibliografische Information der Deutschen Bibliothek
Die Deutsche Bibliothek verzeichnet diese Publikation in der Deutschen Nationalbibliografie;
detaillierte bibliografische Daten sind im Internet über http://dnb.ddb.de abrufbar.

ISBN 978-3-7643-8586-6 Birkhäuser Verlag AG, Basel – Boston – Berlin

Das Werk ist urheberrechtlich geschützt. Die dadurch begründeten Rechte, insbesondere die
der Übersetzung, des Nachdrucks, des Vortrags, der Entnahme von Abbildungen und
Tabellen, der Funksendung, der Mikroverfilmung, der Wiedergabe auf photomechanischem
oder ähnlichem Weg und der Speicherung in Datenverarbeitungsanlagen bleiben, auch bei nur
auszugsweiser Verwertung, vorbehalten. Eine Vervielfältigung dieses Werkes oder von Teilen
dieses Werkes ist auch im Einzelfall nur in den Grenzen der gesetzlichen Bestimmungen des
Urheberrechtsgesetzes in der jeweils geltenden Fassung zulässig. Sie ist grundsätzlich
vergütungspflichtig. Zuwiderhandlungen unterliegen den Strafbedingungen des
Urheberrechts.

© 2008 Birkhäuser Verlag AG, Postfach 133, CH-4010 Basel, Schweiz
Ein Unternehmen der Fachverlagsgruppe Springer Science+Business Media
Gedruckt auf säurefreiem Papier, hergestellt aus chlorfrei gebleichtem Zellstoff. TCF ∞
Umschlaggestaltung: Alexander Faust, Basel, Schweiz
Printed in Germany

ISBN 978-3-7643-8586-6   e-ISBN 978-3-7643-8587-3

9 8 7 6 5 4 3 2 1   www.birkhauser.ch

Inhalt

Tabellenverzeichnis

Abbildungsverzeichnis

1

Zusammenfassung

Seit Jahren wird in der Schweiz über eine Zulassung von Parallelimporten von patentgeschützten Arzneimitteln diskutiert. Während sich die Befürworter von Parallelimporten hohe Einsparungen im Gesundheitswesen versprechen, befürchten die Gegner, dass die Einsparungen für den Patienten gering, die Auswirkungen auf den Forschungsstandort Schweiz aber gravierend wären. Es wird untersucht, wie sich Parallelimporte von Arzneimitteln in Skandinavien auf die Arzneimittelpreise und -ausgaben auswirken. Die Einspareffekte in den drei skandinavischen Ländern sind sehr unterschiedlich. Dies ist auf verschiedene Rahmenbedingungen zurückzuführen. Aufgrund der Erkenntnisse aus den Fallstudien zu Skandinavien wird untersucht, ob die Rahmenbedingungen in der Schweiz einem wirksamen Wettbewerb unter Parallelimporteuren zuträglich sind.[1]

Einsparungen für die Patienten in Norwegen

Seit 1995 erlaubt Norwegen Parallelimporte patentgeschützter Arzneimittel. Der Verkauf parallelimportierter Arzneimittel wird durch finanzielle Anreize an die Apotheker gefördert. Konkret erhalten norwegische Apotheker 50% der Preisdifferenz zwischen dem inländischen und dem parallelimportierten Original. Diese Massnahme wirkt sich positiv auf den Marktanteil parallelimportierter Produkte aus, reduziert aber die Preisdifferenz zwischen Parallelimporten und inländischen Originalprodukten. Über 95% aller norwegischen Apotheken sind im Besitz von Grosshändlern. Aufgrund dieser Besitzverhältnisse verfügen Grosshändler über eine hohe Marktmacht, welche es ihnen erlaubt, ihre Vertriebesmargen auf Kosten der Patienten zu erhöhen. Im Jahr 2004 lag der Marktanteil parallelimportierter Arzneimittel bei 6.3%. Der Preis eines parallelimportierten Arzneimittels unterschied sich vom Preis eines inländischen Produktes um 3%. Somit führten Parallelimporte zu Einsparungen von drei Norwegischen Kronen (EUR 0.40) pro Kopf und Jahr.

Einsparungen für die Patienten in Dänemark

Seit 1991 erlaubt Dänemark Parallelimporte von patentgeschützten Arzneimitteln. In Dänemark sind Apotheker verpflichtet, dem Patienten das jeweils günstigste aller wirkstoffgleichen Arzneimittel abzugeben. Die staatliche Krankenversicherung vergütet dem Patienten nur den Preis des günstigsten aller wirkstoffgleichen Arzneimittel. Sowohl Patienten als

---

1   Poget C. (2007) Parallel Trade of Pharmaceuticals: Evidence from Scandinavia and Policy Proposals for Switzerland, Birkhäuser Verlag, Basel

auch Apotheker haben einen Anreiz, sich für das günstigste Produkt zu entscheiden, was den Preiswettbewerb unter den Importeuren fördert. Behindert wird der Wettbewerb durch die Marktmacht der zwei grössten Parallelimporteure. Negativ für den Konsumenten ist zudem, dass Rabatte gestattet sind. Erhält ein Apotheker beim Kauf eines Arzneimittels einen Rabatt, so kann er davon die Hälfte behalten.

Zwischen Januar 2001 und Juli 2004 lag der Durchschnittspreis eines parallelimportierten Arzneimittels 7.8% unter dem Preis des inländischen Originals. Insgesamt resultierten für den einzelnen Patienten Einsparungen von EUR 3.5 pro Jahr. In Dänemark ist die Preisdifferenz zwischen dem parallelimportierten und dem inländischen Original deutlich höher, falls für dieses Medikament Generika erhältlich sind (17.7% vs. 5.3%). Dies legt nahe, dass die Präsenz von Generika deutliche Preissenkungen seitens der Parallelhändler auslöst. Der Markteintritt eines zusätzlichen Parallelimporteurs führt zu moderaten Preissenkungen seitens der etablierten Importeure.

Einsparungen für die Patienten in Schweden

Seit 1996 erlaubt Schweden Parallelimporte von Arzneimitteln. Wie in Dänemark haben Apotheken die Weisung, dem Patienten das jeweils günstigste aller wirkstoffgleichen Arzneimittel abzugeben. Die staatliche Krankenversicherung vergütet dem Patienten nur den Preis des günstigsten aller wirkstoffgleichen Arzneimittel. Sowohl Patienten als auch Apotheker haben Anreize, sich für das günstigste Produkt zu entscheiden, was den Preiswettbewerb unter den Importeuren fördert. Im Gegensatz zu Dänemark sind in Schweden Rabatte nicht gestattet. Somit profitieren die Patienten vollumfänglich vom Preiswettbewerb.

Zwischen Januar 2002 und September 2004 lag der Durchschnittspreis eines parallelimportierten Arzneimittels 14.9% unter dem Preis des inländischen Originals. Insgesamt resultierten für den einzelnen Patienten Einsparungen von EUR 5.8 pro Kopf und Jahr. Dies entspricht 1.6% der gesamten Arzneimittelausgaben. Gleichzeitig zeigt sich, dass der Markteintritt von zusätzlichen Parallelimporteuren zu (teils deutlichen) Preissenkungen seitens der etablierten Importeure führt.

Wohlfahrtseffekte des Parallelhandels

Ein Vergleich von Grosshandelspreisen in Skandinavien und Südeuropa zeigt, dass der grösste Teil der Preisdifferenz zwischen dem Ursprungs- und dem Zielland im Zwischenhandel versickert. In Dänemark kommen lediglich 18.5–20.8% der internationalen Preisdifferenz dem Konsumenten zugute. In Schweden sind es 28.3–36.3%. Für jede Krone, welche der skandinavische Konsument spart, verliert die Arzneimittelindustrie zwischen 2.8 und 5.4 Kronen. In Dänemark und Schweden besteht ein signifikant positiver Zusammenhang zwischen der internationalen Preisdifferenz und dem Parallelhandelsaufschlag. Der Preis eines parallelimportierten Produktes richtet sich demnach nicht nach dem offiziellen Listenpreis im Ursprungsland sondern nach dem Listenpreis im Zielland.

Lehren für die Schweiz

In der Schweiz erschöpfen Urheber- und Markenrechte international, währenddessen bei Patenten die nationale Erschöpfung gilt. Als Unterzeichnerin des TRIPS-Abkommens hat die Schweiz die Möglichkeit, das geltende Regime beizubehalten oder im Patentrecht die internationale Erschöpfung einzuführen. Ein Wechsel zu einer regionalen Erschöpfungs-regelung ist nur im Rahmen eines bilateralen Abkommens mit der EU möglich. In der Europäischen Union erschöpfen, im Gegensatz zur Schweiz, alle Eigentumsrechte regional. Im Falle eines bilateralen Abkommens mit der EU müsste die Schweiz, so wie Schweden und Österreich, die internationale Erschöpfung auf Marken- und Urheberrechte aufgeben. In Schweden verursachte der Wechsel von der internationalen zur regionalen Erschöpfung von Marken- und Urheberrechten einen volkswirtschaftlichen Schaden von EUR 416 Mio. Die Einsparungen durch Parallelimporte von Arzneimitteln hingegen, belaufen sich auf EUR 45 Mio. im Jahr. Bei einem bilateralen Abkommen über die Erschöpfung von Imma-terialgüterrechten mit der EU würde der Übergang von der internationalen zur regionalen Erschöpfung beim Marken- und Urheberrecht für die Schweiz per Saldo mit hoher Wahr-scheinlichkeit zu einem Wohlfahrtsverlust führen.

Bei einem Systemwechsel zur internationalen Erschöpfung von Patenten ergeben sich für die Schweiz Einsparungen von 2 bis 69 Millionen Schweizer Franken pro Jahr. Diese Schät-zungen basieren auf den Erfahrungen mit Parallelimporten in der EU. Unter den heutigen Rahmenbedingungen ist realistischerweise mit Einsparungen im einstelligen oder im tiefen zweistelligen Millionenbereich zu rechnen.

2

Parallelimporte von Arzneimitteln nach Norwegen

2.1 Rahmenbedingungen im norwegischen Arzneimittelmarkt

2.1.1 Rückerstattung von Arzneimitteln

Der norwegische Arzneimittelmarkt ist in drei Kategorien unterteilt. Es sind dies verschreibungsfreie Arzneimittel sowie „weisse" und „blaue" verschreibungspflichtige Arzneimittel. Verschreibungspflichtige Arzneimittel, welche von den Zulassungsbehörden als „wichtig" eingestuft werden, gelangen auf die blaue Liste. Wichtig ist ein Arzneimittel hauptsächlich dann, wenn es bei chronischen Erkrankungen, in der Palliativmedizin und bei Krebserkrankungen zur Anwendung kommt und im Vergleich zu den existierenden Arzneimitteln einen messbaren therapeutischen Zusatznutzen bringt. Blaue Arzneimittel werden von der staatlichen Krankenversicherung vergütet, alle anderen Arzneimittel nicht.

Für ein erstattungspflichtiges Arzneimittel bezahlt der Patient einen Selbstbehalt von 36% des Packungspreises, wobei dieser auf NOK 500 (EUR 61.–) pro eingelöstes Rezept beschränkt ist. Die Jahresfranchise für alle erstattungspflichtigen Leistungen liegt bei NOK 1'615 (EUR 205.–). Hat ein Patient die Jahresfranchise beglichen, erhält er von der staatlichen Krankenversicherung eine Karte, welche ihm für den restlichen Verlauf des Jahres unentgeltlichen Zugang zu allen erstattungspflichtigen Leistungen gewährt. Aufgrund der tiefen Jahresfranchise bezahlten die Norweger im 2003 lediglich 9% der Kosten für erstattungspflichtige Arzneimittel aus der eigenen Tasche[2]. Auf dreiviertel aller erstattungspflichtigen Packungen wurde demnach kein Selbstbehalt erhoben.

In Zusammenhang mit der Diskussion um Parallelimporte ist dies von grosser Bedeutung. Im empirischen Teil der Arbeit zeigt sich, dass Parallelimporteure in Norwegen 60% ihres Umsatzes mit den 25 umsatzstärksten Arzneimitteln generieren. Die Mehrheit dieser Produkte wird bei chronischen Erkrankungen wie Bluthochdruck, Cholesterin, Asthma, Krebs und Schizophrenie verschrieben. Da diese Produkte mehrheitlich von der Krankenkasse bezahlt werden, haben Patienten nur geringe Anreize ein günstigeres, parallelimportiertes Präparat zu verlangen. Dadurch verringert sich bei den Grosshandelsketten der Druck, die Preise gegenüber den Patienten zu senken.

---

2 EFPIA (2006), S. 37

2.1.2 Das Preisfestsetzungsverfahren für Arzneimittel

Im Königreich Norwegen ist die staatliche Arzneimittelagentur (Statens legemiddelverk) für die Zulassung und Preisfestsetzung von Arzneimitteln zuständig. Zudem überwacht sie den Vertrieb von Heilmitteln von der Fabrik bis zum Patienten und befindet über die Aufnahme neuer Wirkstoffe in die blaue Liste.

Seit dem Jahr 2000 bestimmt sich der maximale Apothekenverkaufspreis (AUP) eines verschreibungspflichtigen Arzneimittels aus dem Durchschnittswert der drei tiefsten, in sieben europäischen Ländern beobachteten Preise. Im Jahr 2005 setzte sich der norwegische Referenzkorb aus den Ländern Belgien, Deutschland, Finnland, Grossbritannien, Irland, den Niederlanden und Österreich zusammen. Zudem sind die Arzneimittelhersteller angehalten, die Preise für Griechenland, Italien, Portugal, die Schweiz und Spanien einzureichen. Die Preise der Länder aus dem erweiterten Länderkorb werden herangezogen, wenn dies im Interesse der staatlichen Krankenversicherung liegt. Aus dem Apothekenverkaufspreis leitet sich der maximale Apothekeneinkaufspreis (AIP) ab.

Während in der Schweiz der Fabrikabgabepreis eines Arzneimittels staatlich festgelegt wird, sind in Norwegen die Arzneimittelhersteller und Parallelimporteure in ihrer Preisgestaltung von Gesetzes wegen frei. Festgelegt wird lediglich der maximale Apothekeneinkaufs- oder Grosshandelsabgabepreis. In Abhängigkeit dieses maximalen Grosshandelsabgabepreises handelt der Grosshändler mit seinem Zulieferer einen Preis aus, der es ihm erlaubt seine Kosten zu decken. Der Listenpreis des Herstellers oder Parallelimporteurs hat keinen Einfluss auf den Preis, welchen der Grosshändler vom Apotheker verlangen kann. Entscheidend ist alleine der offizielle Apothekeneinkaufspreis AIP. Bezahlt ein Grosshändler beim Parallelhändler einen tieferen Preis als beim Generalimporteur, kann er dadurch eine höhere Marge erzielen.

Kauft ein Apotheker ein Produkt zu einem Preis unter dem AIP ein, muss er die Hälfte des eingesparten Betrages der staatlichen Krankenversicherung vergüten. Die andere Hälfte kann er behalten. Erhält der Grosshändler vom Arzneimittelhersteller einen Rabatt auf den offiziellen Listenpreis, muss der Betrag vollumfänglich dem Apotheker weitergegeben werden. Erhält der Apotheker einen Rabatt, muss er nur die Hälfte des Rabattes an die staatliche Krankenversicherung vergüten.

Daraus ergeben sich für Grosshändler und Apotheker folgende Anreize: Grosshändler werden ihre Präparate bei demjenigen Parallel- oder Generalimporteur beziehen, der für ein bestimmtes Präparat den tiefsten Listenpreis setzt. Der Kauf eines Produktes, für welches der Importeur oder der Hersteller einen Rabatt gewährt, ist für ihn nur dann attraktiv, wenn er am Gewinn der Apotheker beteiligt ist oder wenn er den erhaltenen Rabatt verschleiern und somit behalten kann[3]. Der Grosshändler hat Interesse daran, gegenüber den Apothekern einen Listenpreis zu setzen, der möglichst nahe beim AIP liegt. In Abhängigkeit der Wettbewerbsintensität und Verhandlungsmacht der Apotheker wird der Grosshändler selektiv Rabatte oder Preisnachlässe gewähren. Apotheker werden ein bestimmtes Präparat von demjenigen Grosshändler beziehen, der den höchsten Rabatt gewährt oder dessen Listenpreis am weitesten unter dem AIP liegt.

Dies erleichtert den Parallelhändlern den Markteintritt und fördert den Preiswettbewerb unter konkurrierenden Importeuren. Ob und in welchem Ausmass die Konsumenten

---

3   Interview mit Erik A. Stene and Per Olav Kormeset, LMI, Oslo, November 2004

davon profitieren, hängt insbesondere davon ab, ob die Grosshändler die im Einkauf von parallelimportierten Produkten erzielten Einsparungen an die Apotheker weitergeben. In welchem Ausmass dies geschieht, hängt im wesentlichen von der Verhandlungsmacht der Apotheker gegenüber den Grosshändlern ab.

2.1.3 Der Vertrieb von Arzneimitteln

a) Grosshändler

Bis zum Jahre 1994 besass die staatliche Norsk Medisianldepot (NMD) das Monopol für den Medikamentengrosshandel in Norwegen. Mit dem Beitritt zum EWR musste Norwegen den Arzneimittelgrosshandel liberalisieren. Die Liberalisierung beinhaltete die Privatisierung der staatlichen NMD sowie die Vergabe von insgesamt drei Lizenzen für den Medikamentengrosshandel. NMD wurde von Celesio, einer international tätigen Grosshandels- und Apothekenkette, übernommen und hielt im Jahre 2006 einen Anteil von 45.6% am norwegischen Markt. Tamro-Phoenix, mit Grosshandelsaktivitäten in sieben Europäischen Staaten, besass einen Marktanteil von 34.3% und Alliance-Unichem einen von 20.1%[4]. Die drei in Norwegen tätigen Grosshändler nehmen in den grossen Arzneimittelmärkten Europas eine dominante Position ein. Bei den Preisverhandlungen mit Arzneimittelherstellern und Parallelimporteuren in Norwegen können sie von dieser Verhandlungsmacht Gebrauch machen. Insgesamt verfügt jeder einzelne Grosshändler über eine stärkere Verhandlungsmacht als der ehemalige Monopsonist NMD.

b) Apotheker

Bis zum Jahre 2001 wurden Anzahl und Standorte der Apotheken vom norwegischen Staat kontrolliert. Apotheken konnten ausschliesslich von Apothekern, also Privatpersonen, betrieben werden, was die Entstehung von Apothekenketten verunmöglichte. Im Jahre 1996 wurden 90% der norwegischen Apotheken an ein elektronisches und zentralisiertes Bestellsystem angeschlossen. Dieses Bestellsystem erlaubte es den Apothekern, Arzneimittel en gros einzukaufen und somit Druck auf die Grosshändler auszuüben, die Preise zu senken. Nach der Einführung des Bestellsystems gerieten die Grosshandelsmargen unter Druck und für Grosshändler wurde es zusehends schwieriger, von den im Einkauf ausgehandelten Preissenkungen zu profitieren.

Mit der Liberalisierung des norwegischen Apothekenmarktes im Jahre 2001 erhielten juristische Personen die Möglichkeit, Apotheken zu erwerben und diese zu betreiben. Vom Recht des Erwerbs einer Apotheke ausgeschlossen waren lediglich Arzneimittelhersteller und praktizierende Ärzte. Die Gesetzesänderung erlaubte es Grosshändlern, Apotheken zu erwerben und zu betreiben. Im Jahre 2002 waren 98.7% der Apotheken im Besitz der drei Grosshändler. Die Grosshändler beteiligten sich an Apotheken, um sich dem beschriebenen Wettbewerbsdruck zu entziehen. Unabhängige Apotheker bestellen grundsätzlich bei demjenigen Grosshändler, der für ein bestimmtes Produkt den tiefsten Preis verlangt. Mit dieser Strategie maximiert der unabhängige Apotheker seine Vertriebsmarge und somit auch seinen Gewinn. Dies zwingt die Grosshändler ihre Betriebsabläufe zu optimieren, die

---

4   LMI (2007) Facts and Figures 2007: Medicines and Healthcare, S. 37

Margen zu senken und ausgehandelte Preissenkungen an die Apotheker weiterzugeben. Ein Apotheker, welcher einem Grosshandelsbetrieb angehört, wird bei der Wahl des Zulieferers darauf achten, dass die Vertriebsmarge des gesamten Konzerns maximiert wird. In der Regel maximiert der Apotheker die Vertriebsmarge des Konzerns indem er ein Produkt beim Grosshändler bezieht, dem er angehört.

Abbildung 2.1 zeigt, dass in Norwegen drei Grosshändler für die Versorgung von Apotheken und Spitälern mit Arzneimitteln und Medizinalgütern verantwortlich sind. Apokjeden Distribution hält im Jahre 2006 einen Anteil von 34.6% am Handelsvolumen zu Grosshandelpreisen. Apokjeden gehört zur *„Phoenix Gruppe"*, welche gleichzeitig die Apothekenkette *„Apotek 1"* kontrolliert. Diese besitzt einen Anteil von 34.3% am Handelsvolumen zu Einzelhandelspreisen. *„Alliance-Unichem"*, eine britische Grosshandelskette, hält einen Marktanteil von 20.1% am Handelsvolumen zu Grosshandelspreisen. Sie ist Besitzerin der *„Alliance-Apoteke"*, welche 18.4% des Gesamtumsatzes am norwegischen Apothekenmarkt[5] generiert. Die deutsche *„NMD-Celesio Gruppe"* besitzt einen Anteil von 45.6% am norwegischen Markt auf Grosshandelsstufe. Dies entspricht etwa dem kombinierten Marktanteil der Spitäler, unabhängiger Apotheken und der Apothekerkette *„Vittus Ditt"*, welche NMD angehört. Vor der Liberalisierung des Arzneimittelvertriebs im Jahre 1994 war NMD der alleinige Zulieferer der Apotheken und Spitäler. Dies suggeriert, dass die beiden neuen Grosshändler hauptsächlich die eigenen Apotheken beliefern, während Celesio für die Versorgung der hauseigenen Apothekenkette sowie der Spitäler und der unabhängigen Apotheken verantwortlich ist. Daraus kann gefolgert werden, dass der Umsatz eines Grosshändlers hauptsächlich davon abhängig ist, wieviele Apotheken er kontrolliert.

Abbildung 2.1 Das Vertriebsnetz von Arzneimitteln in Norwegen

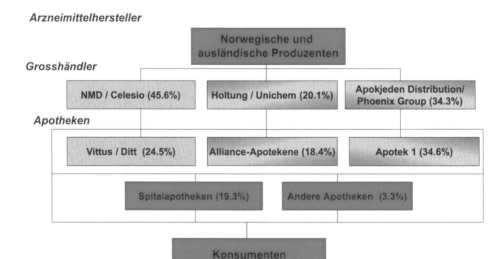

Quelle: LMI (2007), Facts and Figures 2007: Medicines and Healthcare, S. 38–40, Oslo, Norway

---

5   Spital- und ambulante Apotheken

2.2 Parallelhandel von Arzneimitteln in Norwegen: Eine empirische Analyse

2.2.1 Handelsvolumina

Seit dem Beitritt Norwegens zum EWR im Jahre 1994 können Parallelhändler für Arzneimittel, welche in Norwegen bereits verkauft werden, eine vereinfachte Zulassung beantragen. Diese vereinfachte Zulassung erlaubt es ihnen, ohne Genehmigung des Herstellers, Arzneimittel aus einem EU oder EWR Mitgliedstaat nach Norwegen zu importieren. Ein Jahr später wurden auch Parallelimporte von patentierten Arzneimitteln aus der EU und dem EWR zugelassen. Der Staat fördert den Verkauf von parallelimportierten Arzneimitteln durch finanzielle Anreize an die Apotheker. Hohe Preisunterschiede zwischen Norwegen und Südeuropa erlaubten es den Parallelimporteuren schnell ein breites Spektrum von Arzneimitteln anzubieten. Der Marktanteil der parallelimportierten Produkte wuchs von 0.2% im Jahr 1995 auf 7.7% im Jahr 2000. Ein neues Preisfestsetzungsverfahren in Norwegen führte zu einer deutlichen Preisreduktion für inländische Produkte, welche das Umsatzwachstum der Parallelimporte dämpfte.

Tabelle 2.1 zeigt, wie sich die Umsätze von inländischen und parallelimportierten Arzneimitteln zwischen 1995 und 2004 entwickelt haben. Aus der Tabelle geht hervor, dass die Umsätze der Parallelimporteure zwischen 1995 und 2001 deutlich schneller wuchsen als die Umsätze der klassischen Importeure und der lokalen Produzenten. Staatliche Preiskontrollen und die Umwälzungen im Gross- und Einzelhandel führten dazu, dass die Umsätze im Jahr 2001 rückläufig waren. Nach 2001 gelang es den Parallelimporteuren jedoch, ihre Umsätze trotz einer Reihe von staatlich verordneten Preissenkungen Jahr für Jahr zu erhöhen.

Tabelle 2.1 Umsatzentwicklung von Arzneimitteln im klassischen und parallelen Distributionskanal

Jahr	1995	1998	1999	2000	2001	2002	2003	2004
Produkte im klassischen Vertrieb, Umsatz in Mio. NOK	7'577	9'833	10'700	11'400	12'700	14'200	14'600	15'600
Marktanteil parallelimportierter Arzneimittel	0.20%	7.0%	6.6%	7.7%	5.1%	6.3%	6.6%	6.3%
Parallelimportierte Arzneimittel, Umsatz im Mio. NOK	15	688	706	878	648	895	963	982
Jährliche Wachstumsraten	95–04		95–00		00–04		01–04	
Produkte im klassischen Vertrieb	8.4%		8.5%		8.5%		7.0%	
Parallelimporte	59.4%		126%		2.8%		14.9%	

Quelle: Eigene Berechnungen basierend auf LMI (2006), Facts and Figures 2005

Insgesamt weist die Stabilisierung der Marktanteile – auf einem, im internationalen Vergleich, tiefen Niveau – darauf hin, dass die Marktanteile ohne die vom norwegischen Staat verordneten Preiskürzungen deutlich höher wären.

2.2.2 Preisvorteile parallelimportierter Arzneimittel

a) Berücksichtigte Arzneimittel

Zur Bestimmung der Einsparungen durch Parallelimporte werden Daten aus einer Stichprobe von 26 umsatzstarken Arzneimitteln erhoben. Für siebzehn dieser Produkte waren parallelimportierte Packungen erhältlich. Für deren acht gab es mindestens ein Generikum und für vier Wirkstoffe war nur das inländische Original verfügbar. Diese Arzneimittel erzielten gemessen am norwegischen Arzneimittelmarkt mit einem Gesamtwert von 10.1 Milliarden Kronen zwischen Oktober 2003 und September 2004 einen Gesamtumsatz von NOK 2.7 Mrd. zu Apothekeneinkaufspreisen. Die in der Stichprobe berücksichtigten Produkte repräsentieren 27% des norwegischen Arzneimittelmarktes. Der Umsatzanteil der parallelimportierten Produkte liegt innerhalb der Stichprobe bei 15.4%, verglichen mit einem Anteil von 6.3% am Gesamtmarkt. Die Parallelimporteure generierten demnach 66.2% ihres Umsatzes mit den 17 Arzneimitteln, welche in der Stichprobe berücksichtigt wurden. Tabelle 2.2 gibt Auskunft über Umsätze von Generika sowie von inländischen und parallelimportierten Originalen für den Zeitraum zwischen Oktober 2003 und September 2004.

Tabelle 2.2 Beschreibung der Stichprobe

	Total	Originalpräparat klassischer Vertrieb	Originalpräparat Parallelimport	Generika
Umsatz Gesamtmarkt (Mio. NOK)	10'071.5	8'524.2	634.0	913.3
% des Gesamtmarktes	100%	84.6%	6.3%	9.1%
Umsatz Stichprobe (Mio. NOK)	2'724.6	2'131.5	419.7	173.5
% der Stichprobe	100%	78.2%	15.4%	6.4%
% des relativen Marktes	27.1%	25.0%	66.2%	19.0%

Quelle: Eigene Berechnungen basierend auf LMI and Farmastat, 2004

b) Beschreibung der Methodik, mit welcher die Preisvorteile parallelimportierter Produkte berechnet wurden

Der Datensatz liefert genaue Informationen zu den Eigenschaften eines Produktes, wie etwa Name des Wirkstoffes, Markenname, Packungsgrösse, Dosierung, Darreichungsform und Name und Klassifizierung der Vertriebsgesellschaft (z.B. Hersteller des Originalpräparates X, Parallelimporteur Z oder Generikahersteller). Anzahl verkaufte Packungen, der erzielte

Umsatz sowie der vom Staat vorgegebene, maximale Apothekeneinkaufspreis (AIP) werden für jedes einzelne Produkt angegeben. Die Angaben zur Anzahl verkaufter Packungen und zum Gesamtumsatz beziehen sich auf den Zeitraum zwischen Oktober 2003 und September 2004. In einigen Fällen weicht die Packungsgrösse der parallelimportierten Produktversion von der Packungsgrösse der inländischen Version ab. Um Fehlinterpretationen zu vermeiden, werden Preise pro Darreichungseinheit (z.B. Tablette, Milliliter, etc.) verglichen.

Um den effektiven Verkaufspreis eines Produktes zu berechnen, wird der Gesamtumsatz durch die Anzahl abgesetzter Einheiten geteilt. Beim Vergleich dieser Werte fällt auf, dass der durchschnittliche Verkaufspreis des parallelimportierten in einigen Fällen höher war als der durchschnittliche Verkaufspreis des inländischen Produktes. Das norwegische Gesetz verlangt, dass parallelimportierte Produkte günstiger sein müssen als inländische. Falls der Durchschnittspreis der parallelimportierten Arzneimittel höher ist als der Durchschnittspreis aller inländischen Arzneimittel, bedeutet dies, dass der Generalimporteur oder der inländische Produzent seine Preise im Verlaufe des Jahres gesenkt hat. In Norwegen sind Arzneimittelhersteller verpflichtet, den Preis für verschreibungspflichtige Arzneimittel zu senken, wenn deren Umsatz eine vertraglich festgesetzte Schwelle überschritten hat. Es ist folglich üblich, dass der Höchstpreis eines Produktes im Januar bei $AIP = \alpha$ festgesetzt wird, um im Verlaufe des Jahres auf $AIP = \alpha - \beta$ gesenkt zu werden. Falls $AIP = \alpha - \beta$ nun tiefer ist als der vom Parallelimporteur verlangte Preis und sich dieser nach der Preissenkung von AIP zurückzieht, ist es möglich, dass das inländische Produkt über einen Zeitraum von zwölf Monaten günstiger ist als das parallelimportierte. Um Fehlinterpretationen auszuschliessen, werden alle Packungen, bei welchen dies der Fall ist, aus der Stichprobe ausgeschlossen. Der Gesamtumsatz der Packungen, welche in der Auswertung berücksichtigt werden, beläuft sich auf NOK 233 Mio.

c) Preisvorteile parallelimportierter Arzneimittel und Einsparungen für die staatliche Krankenversicherung

In den zwölf Monaten zwischen Oktober 2003 und September 2004 lag der durchschnittliche Packungspreis eines parallelimportierten Produktes 3% unter demjenigen eines inländischen Präparates[6]. Im Einkauf generierten die berücksichtigten Präparate Einsparungen von NOK 7.3 Mio. (~EUR 0.87 Mio.). Das Verhältnis zwischen dem Apothekeneinkaufs- und dem -verkaufspreis (inkl. MwSt.) betrug zu diesem Zeitpunkt 0.658[7]. Davon ausgehend, dass die Stichprobe repräsentativ ist und die Apotheker 50% der im Einkauf erzielten Einsparungen an die Konsumenten weitergeben, ergeben sich für die norwegischen Konsumenten Einsparungen von insgesamt NOK 15.1 Mio. (1.8 Mio. EUR). Alle Ergebnisse sind in Tabelle 2.3 zusammengefasst.

d) Preisvorteile für ausgewählte Produkte

Tabelle 2.4 zeigt, dass die Preisunterschiede zwischen der inländischen und der parallelimportierten Packung je nach Produkt deutlich variieren. Die drei aus Sicht des Patienten günstigsten Produkte generieren mit 9.5% des Umsatzes 42.3% der Einsparungen. Die drei Produkte mit dem grössten Preisvorteil sind 12.2% günstiger als das inländische Original.

---

6   Umsatzgewichtet
7   LMI (2005), Facts and Figures, 2005

Tabelle 2.3 Einsparungen durch den Parallelhandel in Norwegen

	Umsatz PI	Umsatz PI zu Preisen der Hersteller	Einsparungen
Stichprobe in Mio. NOK, **zu Apothekeneinkaufspreisen**	232'747	240'019	7'272
Gesamtmarkt in Mio. NOK, **zu Apothekeneinkaufspreisen**	634'000	653'800	19'800
Gesamtmarkt in Mio. NOK, **zu Apothekenverkaufspreisen**	963'540	993'640	15'050
Gesamtmarkt in Mio. EUR, **zu Apothekenverkaufspreisen**	115'010	118'610	1'800
Gesamtumsätze und Einsparungen **pro Kopf, in NOK**	211.4	218	3.30

Quelle: Eigene Berechnungen basieren auf Farmastat und Facts and Figures 2005, LMI, 2005

Tabelle 2.4 Preisvorteile parallelimportierter Präparate

	Preis-vorteil (%)	% des Gesamt-umsatzes	% der Gesamtein-sparungen	Umsatz	Umsatz zu inländischen Preisen	Einspa-rungen
Drei Pro-dukte mit dem grössten Preisvorteil	12.2%	9.5%	42.3%	22.2	25.3	3.1
Rest	3.4%	42.4%	47.9%	98.6	102.1	3.5
Drei Produkte mit dem geringsten Preisvorteil	0.6%	48.1%	9.8%	111.9	112.6	0.7
TOTAL	3.0%	100%	100%	232.7	240.0	7.3

Quelle: Eigene Berechnungen basierend auf Farmastat Facts and Figures 2005, LMI, 2005

Die drei Produkte mit dem kleinsten Preisvorteil sind im Schnitt 0.6% günstiger als das inländische Original. Wie erwähnt, sind norwegische Grosshändler nicht verpflichtet, die Einsparungen, die sie im Einkauf erzielen, an die Apotheken weiterzugeben. In welchem Ausmass dies geschieht, entscheidet die Kaufkraft der Abnehmer. Daraus kann geschlossen werden, dass sich parallelimportierte Produkte dann gut verkaufen, wenn sie dem Gross-händler zu hohen Vertriebsmargen verhelfen.

3

Parallelimporte
von Arzneimitteln nach Dänemark

3.1   Das dänische Gesundheitssystem

3.1.1 Rückerstattung von Arzneimitteln

Der dänische Arzneimittelmarkt lässt sich in zwei Kategorien aufteilen: Verschreibungspflichtige sowie verschreibungsfreie Arzneimittel. Verschreibungspflichtige Arzneimittel können von der staatlichen Krankenversicherung erstattet werden, verschreibungsfreie nicht. Der Selbstbehalt für ein erstattungsfähiges Arzneimittel richtet sich nach den über die vergangenen zwölf Monate aufgelaufenen Arzneimittelkosten. Belaufen sich die Gesamtkosten der vom Patienten bezogenen Arzneimittel auf maximal DKK 500.–, muss der Patient für die vollen Kosten aufkommen. Bei Kosten zwischen DKK 501.– und DKK 1'200.– bezahlt die staatliche Krankenversicherung die Hälfte. Bei Kosten zwischen DKK 1'201.– und DKK 2'800.– übernimmt sie 75%, bei Kosten zwischen DKK 2'801.– und DKK 3'600.– 85%. Belaufen sich die Ausgaben auf über DKK 3'600.–, übernimmt die Kasse die Kosten vollständig. Ein Patient mit einem Jahresverbrauch von DKK 3'600.– (EUR 485.–) bezahlt demnach DKK 1'370.– aus seiner eigenen Tasche. Im Jahre 2003 bezahlten die Dänen 39.4% der Kosten für erstattungsfähige Arzneimittel direkt aus der eigenen Tasche[8]. Im europäischen Vergleich ist dies ein hoher Wert.

3.1.2 Staatliche Preiskontrollen von Arzneimitteln

In Dänemark ist die dänische Arzneimittelagentur (Lægemiddelstyrelsen/DKMA) für die Zulassung und Preisfestsetzung von Arzneimitteln zuständig. Zudem überwacht sie den Vertrieb von Heilmitteln von der Fabrik bis zum Patienten und befindet über die Aufnahme neuer Wirkstoffe in die Vergütungsliste.
   Die dänische Arzneimittelagentur setzt, im Gegensatz zu den Behörden in anderen Ländern, keine verbindlichen Höchstpreise für Arzneimittel fest. Stattdessen definiert sie für jedes Arzneimittel einen maximalen Rückerstattungsbetrag. Der maximale Rückerstattungsbetrag ermittelt sich aus dem durchschnittlichen Apothekeneinkaufspreis in allen EU/EWR-Mitgliedstaaten ausser Griechenland, Luxemburg, Portugal und Spanien zuzüglich

eines preisabhängigen Vertriebszuschlags und der Mehrwertsteuer. Arzneimittelhersteller können einen Preis festlegen, der von diesem Erstattungsbeitrag abweicht. Liegt der Preis eines Arzneimittels über dem internationalen Referenzpreis, bezahlt der Patient die volle Differenz aus der eigenen Tasche. Bietet ein Hersteller oder Parallelimporteur ein Produkt an, das günstiger ist als der internationale Referenzpreis, entspricht der Rückerstattungsbetrag dem Preis des günstigsten Anbieters.

Arzneimittelhersteller und Parallelimporteure sind verpflichtet, die Arzneimittelagentur über den Apothekeneinkaufspreis all ihrer Produkte zu unterrichten. Basierend auf den eingereichten Daten erstellt die Agentur eine Liste mit den verbindlichen Apothekeneinkaufs- und -verkaufspreisen für alle in Dänemark zugelassenen Arzneimittel. Ausgehend vom effektiven Apothekeneinkaufspreis eines Produktes handeln die Grosshändler mit dem Hersteller oder Importeur einen entsprechenden Fabrikabgabepreis aus. Generell korreliert der Handelsaufschlag auf Gross- und Einzelhandelsniveau positiv mit dem Apothekeneinkaufspreis eines Arzneimittels. Weder Grosshändler noch Apotheker haben a priori ein Interesse daran, parallelimportierte Produkt zu verkaufen. In den nächsten Abschnitten wird gezeigt, mit welchen Massnahmen Apotheker und Grosshändler dazu veranlasst werden, dies dennoch zu tun.

3.1.3 Die Struktur des Vertriebsnetzes

a) Grosshandel

In Dänemark beliefern drei private Grosshändler Apotheken und Spitäler mit Arzneimitteln und Gütern der Medizinaltechnologie. Anders als in Norwegen können in Dänemark Arzneimittelhersteller Apotheken und Spitäler direkt beliefern. Dank der Nutzung von Skalenerträgen können Grosshändler Apotheker meist zu tieferen Kosten beliefern als Arzneimittelhersteller oder Parallelimporteure. Aus diesem Grund versorgen letztere, wenn überhaupt, nur grosse, zentral gelegene Apotheken in den städtischen Ballungszentren. Die staatliche Vertriebsgesellschaft AMGROS ist für den Einkauf, die Lagerung und die Distribution von Spitalarzneimitteln verantwortlich. Sie bezieht ihre Arzneimittel bei Herstellern, Parallelimporteuren und Grosshändlern.

Grosshändler sind verpflichtet alle Apotheken in Dänemark zu den offiziellen, von der DKMA publizierten Preisen zu beliefern. Demnach bezahlt ein Apotheker für ein bestimmtes Produkt denselben Listenpreis, unabhängig davon, ob er es bei Grosshändler A oder B bezieht. Grundsätzlich reduziert ein System mit starren Margen den Druck auf Grosshändler Effizienzgewinne zu erzielen. Seit 2001 ist es darum Grosshändlern erlaubt, kostenabhängige Rabatte zu gewähren. Dadurch erhöht sich für den einzelnen Grosshändler der Druck seine Vertriebs- und Einkaufskosten zu senken. Aus Sicht des Apothekers lohnt sich der Kauf eines Produktes, auf welchem ein Rabatt gewährt wurde, weil er der staatlichen Krankenversicherung nur die Hälfte dieses Rabattes erstatten muss. Rabatte, welche ausschliesslich dem Vertrieb eines Produktes dienen, bleiben verboten. In der Praxis ist es allerdings schwer nachzuweisen, ob ein Rabatt nun kostenabhängig ist oder ausschliesslich dem Vertrieb dient.

b) Apotheken

In Dänemark dürfen Apotheken ausschliesslich von natürlichen Personen betrieben werden, was die Entstehung von Apothekenketten verunmöglicht. Das Gesundheitsministerium befindet alle zwei Jahre über Standort und Anzahl der Apotheken in Dänemark. Zudem legt es den kombinierten Bruttogewinn aller Apotheken fest. Anhand des prognostizierten Umsatzes verschreibungspflichtiger Medikamente definiert das Ministerium die Apothekermargen, welche positiv mit dem Apothekeneinkaufspreis eines Produktes korrelieren. Alle zwei Wochen publiziert DKMA die aktuellen Apothekeneinkaufs- und -verkaufspreise aller in Dänemark zugelassenen Arzneimittel. Diese Preise sind sowohl für den Grosshändler als auch für den Apotheker verbindlich. Folglich sind Apotheker daran interessiert, Produkte mit einem möglichst hohen Listenpreis zu verkaufen.

Seit 2001 dürfen Grosshändler, Arzneimittelhersteller und Parallelhändler ihren Abnehmern „kostenabhängige" Rabatte gewähren. Erhält ein Apotheker einen Rabatt, muss er davon 50% in Form einer Preisreduktion dem Patienten oder der staatlichen Krankenversicherung zukommen lassen. Apotheker haben folglich einen Anreiz Arzneimittel zu kaufen, auf welchen der Grosshändler einen Rabatt gewährt.

3.2 Massnahmen zur Förderung des Verkaufs parallelimportierter Produkte und zur Stärkung des Preiswettbewerbs unter den Importeuren

3.2.1 Beschränkung des Vergütungsbetrags auf den Preis des günstigsten aller wirkstoffgleichen Arzneimittel

Die staatliche Krankenversicherung erstattet einem Patienten jeweils den Preis des günstigsten aller wirkstoffgleichen Medikamente. Liegt bei einem bestimmten Wirkstoff der Preis des günstigsten Anbieters über dem europäischen Durchschnittspreis, so erstattet die Krankenversicherung nur den europäischen Durchschnittspreis. Entscheidet sich ein Patient für ein Produkt, dessen Preis über dem Vergütungsbetrag liegt, so bezahlt er die volle Differenz aus der eigenen Tasche. Es spielt dabei keine Rolle, ob er die Jahresfranchise schon bezahlt hat.

Aufgrund dieser Regelung haben Patienten einen Anreiz, immer nach dem günstigsten aller wirkstoffgleichen Präparate zu fragen. Die Preise für alle Generika, parallelimportierten und inländischen Originale sind im Internet oder auf Anfrage beim DKMA verfügbar. Patienten haben die Möglichkeit sich vor dem Gang zur Apotheke zu informieren, welches das günstigste aller derzeit verfügbaren Medikamente ist und dieses vom Apotheker zu verlangen. Vollständige Information und finanzielle Anreize sind wesentliche Voraussetzungen für ein preisbewusstes Verhalten der Endkonsumenten. Beide Voraussetzungen sind in Dänemark erfüllt. Dies gewährleistet einen wirksamen Wettbewerb unter Grosshändlern, Parallelimporteuren und Arzneimittelherstellern.

3.2.2 Anweisung an Apotheker, das günstigste aller wirkstoffgleichen Arzneimittel zu verkaufen

Apotheker haben die Weisung ein günstigeres, parallelimportiertes Arzneimittel abzugeben, wenn[9]

- der Preis des parallelimportierten Produktes kleiner als DKK 100.– und die Preisdifferenz zwischen dem inländischen und dem parallelimportierten Produkt grösser als 5.– DKK ist,
- der Preis des parallelimportierten Produktes zwischen DKK 100.– and 400.– liegt und die Preisdifferenz grösser als 5% ist,
- der Preis des parallelimportierten Produktes grösser als DKK 100.– und die Preisdifferenz zwischen dem inländischen und dem parallelimportierten Produkt grösser als 20.– DKK ist.

Ist die Preisdifferenz zwischen dem parallelimportierten und dem inländischen Präparat kleiner, hat der Apotheker die Pflicht, den Patienten auf diesen Umstand aufmerksam zu machen. Es liegt dann im Ermessen des Patienten zu entscheiden, ob er unter diesen Umständen das parallelimportierte Präparat kaufen möchte. Falls mehre parallelimportierte Produkte zur Verfügung stehen, ist der Apotheker verpflichtet, dem Patienten das günstigste Produkt anzubieten. Dies erhöht den Druck auf die Parallelimporteure, die Preise ihrer Konkurrenten zu unterbieten.

3.3 Parallelimporte nach Dänemark: Eine empirische Betrachtung

3.3.1 Handelsvolumina

Seit 1991 ist es in Dänemark möglich, für die Paralleleinfuhr von Arzneimitteln aus der Europäischen Union eine vereinfachte Zulassung zu beantragen, sofern der entsprechende Wirkstoff in Dänemark zum Verkauf freigegeben ist. Im Jahre 1992 verkaufte die dänische Paranova erstmals Arzneimittel an Spitäler und ausgewählte Apotheken. Grosshändler widersetzten sich anfangs dem Kauf von parallelimportierten Arzneimitteln, was diesen den Zugang zum Apothekenmarkt erschwerte. Erst mit der Einführung der 5-Kronenregel auf Apothekerstufe im Jahre 1993 und der Umsetzung eines Gesetzes, welches Grosshändler verpflichtet parallelimportierte Arzneimittel zu verkaufen, gelang es ihnen in den Apothekenmarkt einzudringen und Marktanteile zu gewinnen. Trotz staatlich verordneten Preiskürzungen auf inländische Produkte lag der Marktanteil parallelimportierter Produkte im Zeitraum zwischen 2000 und 2004 stabil bei 10%. Dies belegt, dass das Geschäftsumfeld für Parallelimporteure nach wie vor attraktiv ist. Tabelle 3.1 zeigt, wie sich die Umsätze von parallelimportierten und inländischen Arzneimitteln zwischen 2000 und 2004 entwickelt haben.

---

9   Overview of pricing an reimbursement reforms taken by European countries since 1993, EFPIA, 2003

Tabelle 3.1 Umsatzentwicklung von Arzneimitteln im klassischen und parallelen Distributionskanal

Jahr	2000	2001	2002	2003	2004 (Jan–Jul)	2004 [e] (Jan–Dez)
Gesamtmarkt, Umsatz in Mio. DKK	7'675	8'434	9'505	10'045	6'004	10'721
Marktanteil parallel-importierter Arzneimittel	10.3%	10.4%	9.9%	10.5%	10.5%	10.5%
Parallelimportierte Arznei-mittel, Umsatz im Mio. DKK	793	874	945	1'050	631	1'126
Jährliche Wachstumsraten	00–03	01–03	02–03	00–04 [e]	02–04 [e]	03–04 [e]
Produkte im klassischen Vertrieb	9.4%	9.1%	5.7%	8.7%	8.3%	6.7%
Parallelimporte	9.8%	9.6%	11.1%	9.1%	8.8%	7.2%

Quelle: DLI – Dansk Lægemiddel Information Verkaufsdatenbank, 2004
[e] Hochrechnung basierend auf Daten von Januar – Juli 2004

3.3.2 Berücksichtigte Arzneimittel

Zur Bestimmung der Einsparungen durch Parallelimporte werden Daten aus einer Stichprobe von 47 umsatzstarken Arzneimitteln beigezogen. Für 45 dieser Produkte waren im 2003 parallelimportierte Packungen erhältlich. Für deren 10 gab es mindestens ein Generikum. Im Jahre 2003 erzielten diese Arzneimittel einen Gesamtumsatz von DKK 2.7 Mrd. zu Apothekeneinkaufspreisen gemessen am norwegischen Arzneimittelmarkt mit einem Gesamtwert von 10.0 Milliarden Kronen. Die in der Stichprobe berücksichtigten Produkte repräsentieren demnach 27% des dänischen Arzneimittelmarktes. Der Umsatzanteil der parallelimportierten Produkte liegt innerhalb der Stichprobe bei 23.9%, verglichen mit einem Anteil von 10.5% am Gesamtmarkt. Die Parallelimporteure generierten demnach 62.3% ihres Umsatzes mit den 45 Arzneimitteln, welche in der Stichprobe berücksichtigt wurden. Tabelle 3.2 gibt Auskunft über Umsätze von Generika sowie von inländischen und parallelimportierten Originalen insgesamt für das Jahr 2003.

3.3.3 Preisvorteile parallelimportierter Arzneimittel und Einsparungen für die staatliche Krankenversicherung und die Patienten

Zwischen Januar 2002 und Juli 2004 waren parallelimportierte Produkte im Schnitt 7.8% günstiger als inländische. Bei einem Umsatz von DKK 4.2 Mrd. zu Apothekenverkaufspreisen generierten parallelimportierte Arzneimittel für den Patienten demnach Einsparungen von DKK 360 Mio. Pro Kopf und Jahr führten Parallelimporte zu Minderausgaben von 3.5 Euro. Dies entspricht 0.9% der jährlichen Arzneimittelausgaben.

Tabelle 3.2 Umsätze von inländischen und parallelimportierten Originalen und Generika in der Stichprobe und am Gesamtmarkt in Millionen Dänischen Kronen

2003	Gesamtumsatz	Inländische Originale und Generika	Parallelimportierte Originale
Gesamtmarkt	10'045	8'995	1'050
% des Gesamtmarktes	100%	89.5%	10.5%
Stichprobe	2'739	2'084	655
% der Stichprobe	100%	76.1%	23.9%
% des Gesamtmarktes	27.3%	23.2%	62.3%

Quelle: DLI – Dansk Lægemiddel Information Verkaufsdatenbank, 2004.
(Die Datenbank des DLI enthält monatliche Verkaufszahlen aller inländischen und parallelimportierten Arzneimittel [geordnet nach Wirkstoffklasse] in Dänemark)

Tabelle 3.3 Parallelimportierte Arzneimittel in Dänemark (Gesamtmarkt, Umsätze zu Apothekenabgabepreisen in Millionen Dänischen Kronen)

	2002	2003	2004 Q1–Q2	2002–2004 Q2
Umsatz inländischer Produkte	13'806.3	14'506.6	8'666.3	36'979.2
Umsatz parallelimportierter Produkte	1'524.7	1'695.1	1'017.7	4'237.6
Durchschnittlicher Preisvorteil parallelimportierter Produkte in Prozent	8.8%	8.4%	5.4%	7.8%
Einsparungen durch die Paralleleinfuhr von Arzneimitteln	147.1	154.7	57.9	359.7
Einsparungen gemessen an den gesamten Arzneimittelausgaben [a]	1.0%	0.9%	0.6%	0.9%
Marktanteil parallelimportierter Arzneimittel am Umsatz	10.0%	10.5%	10.5%	10.3%
Marktanteil parallelimportierter Arzneimittel am Absatz	10.8%	11.3%	11.0%	11.1%
Einsparungen pro Kopf (DKK)	27.37	28.70	10.70	66.8
Einsparungen pro Kopf (EUR)	3.68	3.86	1.43	8.98

[a] Gemessen am Gesamtumsatz der inländischen und parallelimportierten Arzneimittel zu inländischen Preisen
Quelle: Eigene Berechnungen

3.3.4 Führt der Markteintritt zusätzlicher Konkurrenten zu tieferen Preisen für parallelimportierte Arzneimittel?

In Kapitel 3.3. wurde die Hypothese formuliert, die Anweisungen an Apotheker das günstigste aller wirkstoffgleichen Arzneimittel zu verkaufen, fördere den Wettbewerb unter Parallelhändlern. Sollte ein solcher Wettbewerb bestehen, wäre ein positiver Zusammenhang zwischen der Anzahl Parallelimporteure pro Arzneimittel und der durchschnittlichen Preisdifferenz zwischen dem inländischen und dem parallelimportierten Produkt zu beobachten.

Tabelle 3.4 zeigt, dass der durchschnittliche Preisvorteil parallelimportierter Produkte im Jahr 2004 deutlich geringer war als im Vorjahr. Der Rückgang lässt sich dadurch erklären, dass die patentabgelaufenen parallelimportierten Produkte, welche im Vergleich zu den inländischen Arzneimitteln am günstigsten sind[10], aufgrund des wachsenden Generikawettbewerbs zwischen 2003 und 2004 einen Umsatzeinbruch von 90% erlitten haben (DKK 94 auf 6 Mio.). In den Jahren 2002 und 2003 gelang es Parallelhändlern im Wettbewerb mit den Generikahersteller zu bestehen, indem sie die Preise ihrer Produkte deutlich senkten. Die anhaltende Preiserosion zwang die Parallelhändler sich ab 2004 aus dem Markt zurückzuziehen.

Tabelle 3.4 zeigt, dass ein parallelimportiertes Original im Zeitraum zwischen 2002 und 2004 durchschnittlich 5.3% günstiger war als das inländische Original, falls für letzteres kein Generikum verfügbar war. War ein Generikum verfügbar, betrug der Preisvorteil gar 21.1%. Die 15 parallelimportierten Originale, für welche ein Generikum verfügbar war, erzielten nur 18.2% des Umsatzes, generierten aber 46.4% aller Einsparungen[11]. Die 32 parallelimportierten Originale, für welche kein Generikum verfügbar war, generierten mit 81.8% des Umsatzes nur 53.6% der Einsparungen. Dies suggeriert, dass die zusätzliche Konkurrenz durch Generika die Parallelimporteure dazu veranlasst, die Preise deutlich zu senken.

Obiges Beispiel zeigt, dass die zusätzliche Konkurrenz von Generika Parallelimporteure dazu bringt, ihre Preise zu senken. Dies legt nahe, dass die Substitutionspflicht und die Rückerstattungsregel den Wettbewerb unter Generikaherstellern und Parallelhändlern unterstützen. Es besteht Grund zur Annahme, dass der Markteintritt von zusätzlichen Parallelimporteuren ebenfalls dazu führen kann, dass die Preise fallen. Um dies zu ergründen, wurden Preisdaten von 47 Arzneimitteln über einen Zeitraum von fünf Jahren verarbeitet. Die Untersuchung zeigt, dass der Preisunterschied zwischen dem inländischen und dem parallelimportierten Produkt positiv mit der Zahl der Importeure korreliert. Tabelle 3.5 belegt, dass der Preisunterschied zwischen dem inländischen und dem parallelimportierten Produkt im Jahre 2004 2.3% betrug, falls dieses nur von einem Parallelimporteur angeboten wurde. Falls das Produkt von zwei Importeuren angeboten wurde, lag der Preisabstand bei 3.8%, bei drei und mehr Importeuren bei 7.9% und bei der Präsenz von Generikaherstellern gar bei 22%. Die genauen Ergebnisse für den gesamten Betrachtungszeitraum sind in Tabelle 3.6 zusammengefasst.

Um zu überprüfen, ob die beobachteten Unterschiede nicht zufällig sind, wird die Hypothese getestet, ob die Preisdifferenz zwischen dem inländischen und dem parallelimpor-

---

10 Adalat, Prozac, Seroxat, Zocor
11 Bezogen auf eine Stichprobe mit 47 Medikamenten

Tabelle 3.4 Umsätze von parallelimportierten Arzneimitteln und Einsparungen durch parallelimportierte Arzneimittel in Dänemark (Stichprobe, Umsätze zu Apothekeneinkaufspreisen in Millionen Dänischen Kronen)

	2002	2003	Jan–Jul 2004	01.02–07.04
Mit generischem Wettbewerb				
Umsatz inländischer Produkte	462.2	496.5	363.5	1'322.2
Umsatz parallelimportierter Produkte	150.1	105.1	36.0	291.3
Durchschnittlicher Preisvorteil parallel-importierter Produkte in Prozent	14.7%	24.2%	8.8%	17.7%
Einsparungen durch die Paralleleinfuhr von Arzneimitteln	25.8	33.6	3.5	62.8
Marktanteil parallelimportierter Arzneimittel am Umsatz	27.6%	21.8%	9.8%	21.1%
Anteil am Gesamtumsatz parallel-importierter Güter	27.0%	16.1%	9.3%	18.2%
Anteil an den Gesamteinsparungen	48.1%	56.1%	15.8%	46.4%
Ohne generischen Wettbewerb				
Umsatz inländischer Produkte	1'690.2	1'588.4	784.7	4'063.4
Umsatz parallelimportierter Produkte	405.3	549.8	350.8	1'305.9
Durchschnittlicher Preisvorteil parallel-importierter Produkte in Prozent	6.4%	4.6%	5.0%	5.3%
Einsparungen durch die Paralleleinfuhr von Arzneimitteln	27.8	26.3	18.5	72.6
Marktanteil parallelimportierter Arzneimittel am Umsatz	20.4%	26.6%	32.0%	25.3%
Anteil am Gesamtumsatz parallel-importierter Güter	73.0%	83.9%	90.7%	81.8%
Anteil an den Gesamteinsparungen	51.9%	43.9%	84.2%	53.6%

Quelle: Eigene Berechnungen

Tabelle 3.5 Preisvorteile parallelimportierter Arzneimittel, in Abhängigkeit des Wettbewerbs

	2000	2001	2002	2003	2004
Ein Parallelhändler	3.0%	3.4%	3.0%	3.3%	2.3%
Zwei Parallelhändler	3.9%	4.6%	3.8%	4.6%	3.8%
Drei Parallelhändler und mehr	6.4%	7.1%	5.3%	6.8%	7.9%
Generischer Wettbewerb	13.4%	16.2%	11.6%	31.9%	22.0%

Quelle: Eigene Berechnungen

Tabelle 3.6 Preisvergleich von identischen Produkten zweier sich konkurrenzierender Importeure

	Vergleichbar bedeutet: Die Preise unterscheiden sich maximal um 0.2%	Vergleichbar bedeutet: Die Preise unterscheiden sich maximal um 0.1%	Vergleichbar bedeutet: Die Preise unterscheiden sich nicht
Die Preise sind vergleichbar	2'713	2'499	1'979
Die Preise unterscheiden sich	1'197	2'131	2'551
Anteil aller Beobachtungspaare mit identischen Preisen an allen Beobachtungen	58.6%	53.7%	42.7%

Quelle: Eigene Berechnungen

tierten Produkt unter unterschiedlichen Wettbewerbsbedingungen identisch ist. Diese Hypothese kann im Jahr 2003 für alle Beobachtungspaare auf einem Signifikanzniveau von mindestens 10% verworfen werden. Dies stützt die Annahme, dass dänische Parallelimporteure tiefere Preise festlegen, wenn ein Produkt von einer höheren Anzahl von Konkurrenten angeboten wird.

3.3.5 Wie stark unterscheiden sich die Preise von zwei im direkten Wettbewerb stehenden Parallelimporteuren?

Dänische Apotheker sind verpflichtet, dem Patienten das jeweils günstigste aller wirkstoffgleichen Präparate anzubieten. Folglich wäre zu erwarten, dass Parallelimporteure die Preise ihrer Konkurrenten im Kampf um Marktanteile laufend unterbieten. Um zu überprüfen, inwiefern diese Annahme zutrifft, wurden Preispaare von konkurrierenden parallelimportierten Packungen des gleichen Wirkstoffes und der gleichen Packungsgrösse und Dosierung zum selben Zeitpunkt verglichen. Die Stichprobe umfasst die 15 umsatzstärksten Produkte für den Zeitraum zwischen 1999 und 2004. Aus dieser Stichprobe ergeben sich 3'910 Beobachtungspaare. In 42.7% aller Fälle unterscheiden sich die Preise von zwei sich gegenseitig konkurrenzierenden parallelimportierten Arzneimitteln nicht. In 58.6% aller Fälle weicht der Packungspreis von Importeur A nicht mehr als 0.2% vom Preis des Importeurs B ab. Dies stützt die Annahme, dass Parallelimporteure oft einen Listenpreis setzen, welcher genau 5% unter dem Preis des inländischen Produktes liegt und in Abhängigkeit der Intensität des Wettbewerbs zusätzliche Rabatte gewähren. Gewährt ein Parallelimporteur einen Rabatt, profitieren die Patienten davon im besten Fall zur Hälfte. Senkt ein Importeur seinen Listenpreis, kommt diese Reduktion dem Patienten vollumfänglich zugute. Daraus kann abgeleitet werden, dass die Regelung, welche Rabatte zulässt und es Apothekern erlaubt, die Hälfte davon einzubehalten, das mögliche Einsparpotential des Parallelhandels eindämmt.

4

Parallelimporte
von Arzneimitteln nach Schweden

4.1 Das schwedische Gesundheitssystem

4.1.1 Rückerstattung von Arzneimitteln

Der schwedische Arzneimittelmarkt lässt sich in zwei Kategorien aufteilen: verschreibungspflichtige sowie verschreibungsfreie Arzneimittel. Verschreibungspflichtige Arzneimittel können von der staatlichen Krankenversicherung erstattet werden, verschreibungsfreie nicht. Der Selbstbehalt für ein erstattungsfähiges Arzneimittel richtet sich nach den über die vergangenen zwölf Monate aufgelaufenen Arzneimittelkosten. Liegen die Gesamtkosten der vom Patienten verbrauchten Arzneimittel unter SEK 900, so muss er für die vollen Kosten aufkommen. An Beträge zwischen SEK 901 und SEK 1'700 bezahlt die staatliche Krankenversicherung die Hälfte. An Beträge zwischen SEK 1'701 und SEK 3'300 bezahlt die Kasse 75%, an Beträge zwischen SEK 3'301 und SEK 4'300 90% und an Beträge über SEK 4'300 übernimmt die Kasse die vollen Kosten. Im Jahre 2004 bezahlten die Schweden 26.0% der Kosten für erstattungsfähige Arzneimittel direkt aus der eigenen Tasche[12], ein im europäischen Vergleich hoher Wert. Aufgrund des hohen Selbstbehaltes für erstattungsfähige Arzneimittel haben schwedische Patienten klare Anreize zum kostenbewussten Handeln.

4.1.2 Staatliche Preiskontrollen von Arzneimitteln

In Schweden ist die Arzneimittelbehörde (Läkemedelsverket) für die Regulierung und Überwachung von Entwicklung, Produktion und Vertrieb von Arzneimitteln zuständig. Über die Aufnahme eines Arzneimittels in die Vergütungsliste wacht die Arzneimittelerstattungsbehörde (Läkemedelsförmånsnämnden, LFN). Diese verhandelt mit den Arzneimittelherstellern über die Apothekenabgabe- und -einkaufspreise von erstattungspflichtigen Arzneimitteln. Ähnlich wie in anderen skandinavischen Ländern gibt der Gesetzgeber lediglich den Apothekeneinkaufs- und -verkaufspreis vor, währenddem der Grosshändler direkt mit den Arzneimittelherstellern und Parallelhändlern über entsprechende Einstandspreise verhandelt. Die über das LFN kommunizierten Apothekeneinkaufs- und -verkaufspreise sind für

---

12 EFPIA (2006), S. 29

alle Grosshändler und Apotheken verbindlich. In Schweden bezahlt der Patient demnach für ein bestimmtes Arzneimittel in jeder Apotheke des Landes gleich viel. Gleichzeitig sind Grosshändler dazu verpflichtet, gegenüber jeder Apotheke denselben Preis zu setzen.

4.1.3 Die Struktur des Vertriebsnetzes

a) Apotheken

In Schweden werden alle Apotheken von der staatlichen Apoteket AB betrieben, welche dem Gesundheitsministerium unterstellt ist. Apoteket AB hat den Auftrag, die kosteneffiziente Versorgung der schwedischen Bevölkerung mit Arzneimitteln und Medizinalprodukten zu gewährleisten. Die Gewinne der Apoteket AB werden an ihren einzigen Aktionär, den schwedischen Staat, ausgeschüttet, der gleichzeitig für die Finanzierung von Arzneimitteln verantwortlich ist.

Die Angestellten der Apoteket AB beziehen für ihre Tätigkeit Fixlöhne und werden danach beurteilt, wie gut sie die Weisung des Gesetzgebers, die kosteneffiziente Versorgung der Bevölkerung sicherzustellen, befolgen. Ein Angestellter der Apoteket AB untersteht folglich anderen Anreizen als ein Angestellter einer privaten, profitorientierten Apotheke. Während Ersterer Anreize hat, dem Patienten dasjenige Medikament abzugeben, welches die Kosten minimiert, gibt Letzterer das Medikament ab, welches die Apothekermarge maximiert. Es ist davon auszugehen, dass in Schweden die Weisung, das jeweils günstigste Arzneimittel abzugeben, strenger befolgt wird als in Ländern, in welchen Apotheken in privater Hand sind.

b) Grosshändler

In Schweden beliefern zwei Grosshändler Apotheken und Spitäler mit Arzneimitteln und Gütern der Medizinaltechnologie. Wie in Norwegen dürfen Apotheken ausschliesslich von den im Land registrierten Grosshändlern beliefert werden. Die beiden Grosshändler, Kronans Droghandel und Phoenix teilen sich den schwedischen Markt je zur Hälfte auf.

Während der Apothekeneinkaufspreis eines Arzneimittels bindend ist, können Grosshändler mit ihren Zulieferern über den Fabrikabgabepreis verhandeln. Arzneimittelhersteller und Parallelhändler werden ihre Produkte also vorzugsweise demjenigen Grosshändler verkaufen, welcher bereit ist, den höchsten Preis zu bezahlen. Schwedische Grosshändler sind nicht befugt, Produkte aktiv zu vermarkten. Ihre Kompetenz besteht einzig darin, die vom Apotheker bestellten Produkte zu liefern. Grosshändler sind insbesondere verpflichtet, die vom Markt nachgefragte Menge parallelimportierter Arzneimittel zu bestellen und bereitzuhalten.

4.2 Massnahmen zur Förderung des Verkaufs parallelimportierter Produkte und zur Stärkung des Preiswettbewerbs unter den Importeuren

4.2.1 Beschränkung des Vergütungsbetrags auf den Preis des günstigsten aller wirkstoffgleichen Arzneimittel

Die staatliche Krankenversicherung erstattet einem Patienten jeweils den Preis des günstigsten aller wirkstoffgleichen Medikamente. Entscheidet sich ein Patient für ein Produkt, dessen Preis über dem Vergütungsbetrag liegt, so bezahlt er die volle Differenz aus der eigenen Tasche, unabhängig davon, ob er die Jahresfranchise schon beglichen hat.

Aufgrund dieser Regelung haben Patienten einen Anreiz, stets das günstigste aller wirkstoffgleichen Präparate zu verlangen. Die Preise sämtlicher Generika, parallelimportierter und inländischer Originale sind im Internet oder auf Anfrage beim LFN verfügbar. Patienten haben so die Möglichkeit, sich vor dem Gang zur Apotheke zu informieren, welches das günstigste aller derzeit verfügbaren Medikamente ist. Vollständige Information und finanzielle Anreize sind wesentliche Voraussetzungen für ein preisbewusstes Verhalten der Endkonsumenten. Beide Voraussetzungen sind in Schweden erfüllt. Dies gewährleistet einen wirksamen Wettbewerb unter Grosshändlern, Parallelimporteuren und Arzneimittelherstellern.

4.2.2 Beschränkung des Vergütungsbetrags auf den Preis des günstigsten aller wirkstoffgleichen Arzneimittel

Falls ein vom Arzt verschriebenes, erstattungspflichtiges Arzneimittel von mehr als einem Hersteller (Parallelhändler eingeschlossen) angeboten wird, so ist der Apotheker verpflichtet, dem Patienten das Günstigste zu verkaufen. Der Apotheker darf nur dann von einer Substitution vom inländischen zum günstigsten Präparat absehen, wenn diese vom verschreibende Arzt verboten wird oder wenn der Patient ein anderes als das vom Apotheker angebotene Produkt wünscht.

Falls der verschreibende Arzt die Substitution verbietet, so fallen für den Patienten keine zusätzlichen Kosten an. Wünscht der Patient selbst ein teureres Produkt, so bezahlt dieser die volle Preisdifferenz zwischen dem gewählten und dem günstigsten aller wirkstoffgleichen Medikamente aus eigener Tasche. Es ist Aufgabe des Apothekers, diese Preisdifferenz einzufordern, ansonsten haftet er für die volle Preisdifferenz zwischen dem abgegebenen und dem günstigsten aller wirkstoffgleichen Arzneimittel.

Dieser Mechanismus erhöht den Druck auf die Parallelimporteure, die Preise ihrer Konkurrenten zu unterbieten. Da Schweden Rabatte verbietet, führt dieser Wettbewerb zu tieferen Listenpreisen und nicht wie in Dänemark zu höheren Rabatten. Dadurch profitieren die Konsumenten vollumfänglich von den Preisnachlässen der Importeure und Hersteller.

4.3 Parallelimporte nach Schweden: Eine empirische Betrachtung

4.3.1 Handelsvolumina

Schweden ist seit 1994 Mitglied der Europäischen Gemeinschaft. Seit 1996 können Parallelimporteure für bereits in Schweden zugelassene Arzneimittel eine vereinfachte Zulassung beantragen. Wie in den meisten Ländern begannen Parallelimporteure anfänglich damit, Arzneimittel im Direktvertrieb an Spitäler zu verkaufen. Zu Beginn widersetzten sich Apotheker dem Vertrieb von parallelimportierten Arzneimitteln, weil sie unsicher waren, ob es rechtens sei, ein inländisches mit einem parallelimportierten Produkt zu substituieren. Es bedurfte einer Stellungnahme des Vorsitzenden der Apoteket AB, um die Apotheken zum Verkauf parallelimportierter Produkte zu animieren. Von 1.9% im Jahr 1997 stieg der Marktanteil parallelimportierter Produkte bis zum Jahr 2001 auf 9.3%. Trotz der Abwertung der schwedischen Krone und strengeren Preiskontrollen lag der Marktanteil parallelimportierter Produkte zwischen 2000 und 2004 stabil bei 9–10%. Der Gesamtumsatz parallelimportierter Arzneimittel hat sich zwischen 1997 (SEK 269 Mio.) und 2004 (SEK 2.5 Mrd.) verneunfacht.

Tabelle 4.1 Umsatzentwicklung von Arzneimitteln im klassischen und parallelen Distributionskanal

	1997	2000	2001	2002	2003	2004
Gesamtmarkt, Umsatz in Mio. SEK	14'263	20'259	21'647	23'252	23'689	24'234
Parallelimportierte Arzneimittel, Umsatz im Mio. SEK	269	1'749	2'011	2'085	2'099	2'525
Marktanteil parallelimportierter Arzneimittel	1.9%	8.6%	9.3%	9.0%	8.9%	10.4%
Jährliche Wachstumsraten	**97–04**	**00–04**	**01–04**	**02–04**	**03–04**	
Produkte im klassischen Vertrieb	7.9%	4.6%	3.8%	2.1%	2.3%	
Parallelimporte	37.7%	9.6%	7.9%	10.0%	20.3%	

Quelle: LIF (2005); FAKTA 2005, Pharmaceutical Market and Health Care

4.3.2 Berücksichtigte Arzneimittel

Zur Bestimmung der Einsparungen durch Parallelimporte wurden Daten aus einer Stichprobe von 26 umsatzstarken Arzneimitteln erhoben. Für 25 dieser Produkte waren im Jahr 2003 parallelimportierte Packungen erhältlich. Für deren 5 gab es mindestens ein Generikum. Im Jahre 2003 erzielten diese Arzneimittel einen Gesamtumsatz von SEK 4.9 Mrd.

zu Apothekeneinkaufspreisen, gemessen am schwedischen Arzneimittelmarkt mit einem Gesamtwert von 23.7 Milliarden Schwedischen Kronen. Die in der Stichprobe berücksichtigten Produkte repräsentieren demnach 20.6% des schwedischen Arzneimittelmarktes. Der Umsatzanteil der parallelimportierten Produkte liegt innerhalb der Stichprobe bei 20.7%, verglichen mit einem Anteil von 8.9% am Gesamtmarkt. Die Parallelimporteure generierten 48.1% ihres Umsatzes mit den 26 berücksichtigten Arzneimitteln. Tabelle 4.2 gibt Auskunft über Umsätze von Generika, inländischen und parallelimportierten Originalen insgesamt sowie innerhalb der Stichprobe.

Tabelle 4.2 Umsätze von inländischen und parallelimportierten Originalen und Generika in der Stichprobe und am Gesamtmarkt in Millionen Schwedischen Kronen

2003	Gesamt-umsatz	Inländische Originale	Parallelimpor-tierte Originale	Generika
Gesamtmarkt	23'689	18'723	2'099	2'867
% des Gesamtmarktes	100%	79%	8.9%	12.1%
Stichprobe	4'869	3'379	1'009	281
% der Stichprobe	100%	73.5%	20.7%	5.8%
% des Gesamtmarktes	20.6%	19.1%	48.1%	9.8%

Quelle: LIF, Eigene Berechnungen

4.3.3 Preisvorteile parallelimportierter Arzneimittel und Einsparungen für die staatliche Krankenversicherung und die Patienten

Im Jahr 2003 lagen die Preise parallelimportierter Arzneimittel im Durchschnitt 13.8% unter denjenigen der inländischen. Zu Apothekeneinkaufspreisen generierten die in der Studie berücksichtigten Produkte Einsparungen von SEK 162 Mio. Das Verhältnis zwischen Apothekeneinkaufs- und -verkaufspeis lag im entsprechenden Zeitraum bei 0.83. Die Stichprobe berücksichtigt 48.1% des Umsatzes mit parallelimportierten Arzneimitteln im Jahr 2003. Davon ausgehend, dass die Stichprobe repräsentativ für den Gesamtmarkt ist, ergeben sich für das Jahr 2003 Einsparungen von SEK 406 Mio. oder SEK 45 pro Kopf.

Tabelle 4.3 zeigt, dass parallelimportierte Arzneimittel über den gesamten Betrachtungszeitraum 14.9% günstiger waren als inländische Arzneimittel. Gemessen an den gesamten Arzneimittelausgaben führten Parallelimporte dadurch zu Einsparungen von 1.6%.

Tabelle 4.3 Parallelimportierte Arzneimittel in Dänemark (Gesamtmarkt, Umsätze zu Apothekenabgabepreisen in Millionen Schwedischen Kronen)

	2002	2003	2004	2002–2004
Umsatz inländischer Produkte	25'502	26'012	26'155	77'669
Umsatz parallelimportierter Produkte	2'512	2'529	3'042	8'083
Einsparungen durch die Parallel-einfuhr von Arzneimitteln	468.4	406.0	545.3	1'419
Einsparungen pro Kopf (SEK)	52.48	45.33	60.52	158.3
Einsparungen pro Kopf (EUR)	5.73	4.96	6.63	17.3
Durchschnittlicher Preisvorteil parallelimportierter Produkte in Prozent	15.7%	13.8%	15.2%	14.9%
Einsparungen gemessen an den gesamten Arzneimittelausgaben [a]	1.7%	1.4%	1.7%	1.6%
Marktanteil parallelimportierter Arzneimittel am Umsatz	9.0%	8.9%	10.4%	9.5%
Marktanteil parallelimportierter Arzneimittel am Absatz	10.5%	10.1%	12.1%	10.9%

[a] Gemessen am Umsatz der inländischen und parallelimporierten Arzneimitteln zu den Preisen der inländischen Produkte

4.3.4 Führt der Marketeintritt zusätzlicher Konkurrenten zu tieferen Preisen parallelimportierter Arzneimittel?

Die Erhebungen in Kapitel 4.3.3 bestätigen, dass die relativen Preisvorteile parallelimportierter Produkte in Schweden mit Abstand am höchsten sind. Die höheren Einsparungen sind das Ergebnis einer Politik, welche konsequent darauf ausgerichtet ist, Patienten, Ärzte und Apotheker zum kostenverantwortlichen Handeln zu bewegen. Das Verbot von Rabatten führt dazu, dass Preisnachlässe der Parallelhändler vollumfänglich dem Patienten zugute kommen. Es ist zu vermuten, dass auch in Schweden ein positiver Zusammenhang zwischen der Anzahl Parallelimporteure und der Preisdifferenz zwischen dem inländischen und den parallelimportierten Produkten besteht.

Um den Einfluss der Anzahl Parallelimporteure auf den Preisvorteil eines parallelimportierten Produktes zu messen, wurden die Preisdaten der 26 Produkte im Zeitraum zwischen 2003 und 2004 untersucht. Tabelle 4.4 zeigt, dass in den Jahren 2003 und 2004 ein deutlicher Zusammenhang zwischen der Anzahl Parallelimporteure und dem Preisvorteil eines parallelimportierten Produktes bestand. Ein Vergleich mit Tabelle 3.5 zeigt zudem, dass der Preisunterschied zwischen inländischen und ausländischen Präparaten in Schweden bei vergleichbaren Wettbewerbsintensitäten höher ist als in Dänemark.

Tabelle 4.4 Preisvorteile parallelimportierter Arzneimittel in Abhängigkeit des Wettbewerbs

	2003	**2004**	**2003/04**
Ein Parallelhändler	7.8%	5.3%	6.8%
Zwei Parallelhändler	8.2%	7.3%	7.6%
Drei Parallelhändler	10.7%	13.0%	11.9%
Vier Parallelhändler und mehr	17.3%	21.5%	19.1%
Generischer Wettbewerb	10.9%	13.2%	11.6%

Um zu verifizieren, ob die beobachteten Unterschiede nicht zufällig sind, wird folgende Hypothese getestet: Die Preisdifferenz zwischen dem inländischen und dem parallelimportierten Produkt ist unter unterschiedlichen Wettbewerbsbedingungen identisch. Es ist festzustellen, dass diese Hypothese in den Jahren 2003/2004 für alle Beobachtungspaare auf einem Signifikanzniveau von mindestens 5% verworfen werden kann. Dies ist ein klarer Hinweis darauf, dass schwedische Parallelimporteure tiefere Preise setzen, wenn ein Produkt von einer höheren Anzahl Konkurrenten angeboten wird.

5
Wohlfahrtseffekte des Parallelhandels

5.1 Zusammenfassung

Zwischen 1996 und 2006 erschienen drei Studien, welche Schätzungen zum Verhältnis zwischen den Bruttomargen der Parallelimporteure und den Einsparungen für die Konsumenten präsentierten.

Die älteste Studie, herausgegeben von der Londoner Beratungsfirma NERA, verwendet Preis- und Umsatzdaten von inländischen und parallelimportierten Arzneimitteln in den wichtigsten Ursprungs- und Zielländern des Parallelhandels in Europa. Aus der Untersuchung geht hervor, dass parallelimportierte Arzneimittel im Jahre 1996 22% günstiger waren als inländische Produkte. Die Listenpreise der vom Parallelhandel *betroffenen* Arzneimittel waren in den Zielländern 115% höher als in den Quellländern. Gemessen an der Differenz zwischen dem offiziellen Listenpreis eines inländischen Produktes im Ursprungs- und demjenigen im Zielland, verbleiben 60% des Preisunterschieds beim Handel. Die Einsparungen für den Konsumenten belaufen sich folglich auf 40% der internationalen Preisdifferenz[13].

Die im Jahre 2003 von Kanavos und Costa-Font veröffentlichte Studie der London School of Economics (LSE) berücksichtigt Preis- und Umsatzdaten inländischer und parallelimportierter Arzneimittel in den wichtigsten Ursprungsländern sowie in den Zielländern Deutschland, Dänemark, Grossbritannien, den Niederlanden, Norwegen und Schweden. Für Schweden und Norwegen standen NERA noch keine Daten zur Verfügung, da diese Länder Parallelimporte gerade erst zugelassen hatten. Gemessen an der Differenz zwischen dem offiziellen Listenpreis eines inländischen Produktes im Ursprungs- und demjenigen im Zielland, nimmt die Handelsmarge einen Anteil von 86.4% ein. Die Einsparungen für den Konsumenten belaufen sich auf 13.4% der internationalen Preisdifferenz. Der durchschnittliche Abgabepreis eines parallelimportierten Arzneimittels lag im Zielland 47% über seinem Einstandspreis im Ursprungsland.

Der von der LSE und der NERA berechnete Handelsaufschlag der Parallelhändler entspricht dem Quotienten zwischen dem Apothekeneinkaufspeis für das parallelimportierte Produkt im Zielland und dem offiziellen Apothekeneinkaufspreis für dasselbe Produkt im Ursprungsland. An dieser Marge können ausländische Grosshändler, Apotheker und Spitäler, der Parallelimporteur und der inländische Grosshändler beteiligt sein. Wie gross der effektive Handelsaufschlag der *Parallelimporteure* selber ist, geht aus den beiden Studien nicht hervor.

---

13 Glynn D. et al. (1997), NERA, Survey of parallel trade, S. 8, 16

Gemäss Pedersen[14] beläuft sich in Schweden die Marge der Parallelimporteure, gemessen am effektiven Einkaufspreis, auf 13%. In Dänemark erzielten Parallelimporteure eine Marge von 22%. Pedersen verwendet hierfür eine Stichprobe mit Preisdaten aus dem Jahre 2004. Aus den in der Studie präsentierten Daten kann folgendes abgeleitet werden: Bei Produkten, welche in Schweden verkauft werden, ist der Parallelimporteur für 50% des gesamten Parallelhandelsaufschlags verantwortlich. In Dänemark hingegen sind die Parallelimporteure lediglich für 20% des Handelsaufschlages verantwortlich. Pedersen zeigt, dass die ausländischen Grosshändler, Apotheker und Spitäler und der inländische Grosshändler für einen beträchtlichen Teil des Parallelhandelsaufschlags verantwortlich sind. Massnahmen, welche darauf abzielen, den Parallelhandelsaufschlag zu senken, müssen demnach bei allen im Parallelhandel involvierten Parteien ansetzen.

5.2 Berechnung des Wohlfahrtseffektes des Parallelhandels in Dänemark

Um die Wohlfahrtseffekte des Parallelhandels zu bestimmen, werden die Grosshandelspreise inländischer und parallelimportierter Arzneimittel in Südeuropa und Dänemark verglichen. Der verwendete Datensatz enthält Preisangaben aus Frankreich, Griechenland, Spanien und Dänemark für die im Jahre 2005 umsatzstärksten Arzneimittel. Da nicht bekannt ist, welcher Parallelimporteur wie viele Packungen verkauft und in welchen Ländern er diese Packungen gekauft hat, muss der Wohlfahrtseffekt des Parallelhandels geschätzt werden. Hierzu kann angenommen werden, dass die Parallelimporteure jeweils ein Drittel ihrer Güter aus Griechenland, Frankreich und Spanien beziehen. Zusätzlich wird davon ausgegangen, dass Patienten ihre Arzneimittel ausschliesslich beim günstigsten Importeur beziehen. Anhand dieser Werte werden die Konsumentenrente und die Rente der Zwischenhändler aus dem Parallelhandel berechnet. Die Differenz zwischen dem Ladenpreis für inländische Produkte und dem Ladenspreis für das parallelimportierte Medikament ist die Konsumentenrente. Die Differenz zwischen dem Grosshandelspreis für inländische Produkte im Ursprungsland und dem Apothekeneinkaufspreis des parallelimportierten Produktes in Dänemark wird im Folgenden als Rente der Zwischenhändler bezeichnet. Die Differenz zwischen der Rente der Zwischenhändler und dem internationalen Preisunterschied ist ein Indikator für die Transaktionskosten des Parallelhandels, die Wettbewerbsintensität zwischen den Parallelhändlern und die Effizienz des parallelen Distributionssystems.

Aus der Stichprobe geht hervor, dass der Anteil der Konsumentenrente an der internationalen Preisdifferenz 20.8% beträgt. Der Handelsaufschlag zwischen dem Grosshandelspreis in Südeuropa und dem Grosshandelspreis des parallelimportierten Produktes in Dänemark beträgt 36.3%. Für den Anteil der Rente der Zwischenhändler an der internationalen Preisdifferenz wird ein Wert von 79.2% ermittelt. Mit anderen Worten, vier Fünftel der Preisdifferenz zwischen Ursprungsland und Importland bleiben im Zwischenhandel hängen.

---

14 Pedersen K. et al. (2006), The Economic Impact of parallel import of pharmaceuticals, University of Southern Denmark

Tabelle 5.1 Wohlfahrtseffekt des Parallelhandels in Dänemark

	Konsumentenrente als Prozentsatz der internationalen Preisdifferenz	Rente der Zwischenhändler Prozentsatz der internationalen Preisdifferenz	Handelsaufschlag
Mittelwert	20.8%	79.2%	36.3%
Minimum	2.2%	35.6%	6.0%
Maximum	64.4%	97.8%	258.6%

Quelle: Eigene Berechnungen

Werden die Ergebnisse von NERA mit den vorliegenden Daten sowie denjenigen von Kanavos & Costa-Font verglichen, so finden sich Hinweise dafür, dass die Parallelhandelsaufschläge in den letzten zehn Jahren rückläufig waren. Gleichzeitig haben auch die internationalen Preisdifferenzen derjenigen Produkte abgenommen, welche dem Parallelhandel ausgesetzt sind. Der Rückgang der Handelsaufschläge könnte einerseits auf den Wettbewerb unter den Parallelhändlern, andererseits auf die Abnahme der Preisdifferenzen zwischen Ursprungs- und Zielländern zurückgeführt werden.

Um Anhaltspunkte darüber zu finden, ob das Einsparpotential durch parallelimportierte Produkte ausgeschöpft ist, wird untersucht, ob zwischen dem Parallelhandelsaufschlag und dem internationalen Preisunterschied ein Zusammenhang besteht. Aus Abbildung 5.1 ist

Abbildung 5.1 Beziehung zwischen internationaler Preisdifferenz und Parallelhandelsaufschlag in Dänemark

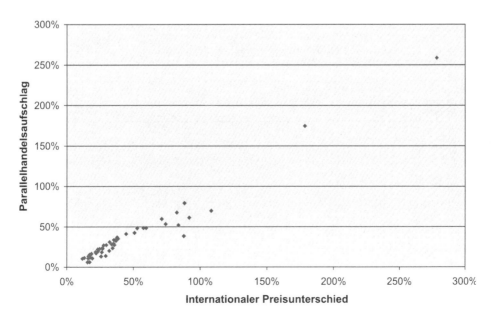

diese Korrelation ersichtlich. Dadurch ist belegt, dass sich der Preis eines parallelimportierten Arzneimittels am dänischen und nicht am südeuropäischen Preisniveau ausrichtet. Im ersten Halbjahr 2005 schwankte der Parallelhandelsaufschlag von in Dänemark verkauften Produkten zwischen EUR 2 und EUR 79. Dies zeigt, dass Parallelimporteure und ihre Zulieferer nach Produkten suchen, deren Preise sich im In- und im Ausland möglichst stark unterscheiden, um diese zum gewinnmaximierenden Preis zu verkaufen.

5.3   Berechnung des Wohlfahrtseffektes des Parallelhandels in Schweden

In Schweden sind die Apothekeneinkaufspreise aller Arzneimittel auf dem Internetportal des LFN verfügbar. Aus der Datenbank geht hervor, welches Produkt von welchem Hersteller oder Importeur zu welchem Preis verkauft wird. Keine Aussagen macht die Datenbank über Umsätze und Herkunftsländer parallelimportierter Arzneimittel. Demnach lässt sich das Verhältnis zwischen dem Parallelhandelsaufschlag und der Konsumentenrente der nach Schweden importierten Arzneimittel nur schätzen. Hierzu werden dieselben Annahmen verwendet wie für Dänemark.

Aus der Stichprobe geht hervor, dass der Anteil der Konsumentenrente an der internationalen Preisdifferenz bei 36.3% liegt. Der Handelsaufschlag zwischen dem Grosshandelspreis in Südeuropa und dem Grosshandelspreis des parallelimportierten Produktes in Dänemark beträgt 28.3%. Für den Anteil der Rente der Zwischenhändler an der internationalen Preisdifferenz wurde ein Wert von 63.7% ermittelt.

Tabelle 5.2 Berechnung des Wohlfahrtseffektes des Parallelhandels in Schweden

	Konsumentenrente als Prozentsatz der internationalen Preisdifferenz	Rente der Zwischenhändler Prozentsatz der internationalen Preisdifferenz	Handelsaufschlag
Mittelwert	36.3%	63.7%	28.3%
Minimum	0.9%	3.1%	1.0%
Maximum	96.9%	99.1%	235.2%

Quelle: Eigene Berechnungen

In Schweden ist der Anteil der Konsumentenrente an der internationalen Preisdifferenz demnach höher als in Dänemark. Aufgrund des intensiveren Wettbewerbs, des Rabattverbots sowie der obligatorischen Abgabe des jeweils preisgünstigsten wirkstoffgleichen Arzneimittels profitieren schwedische Konsumenten in einem grösseren Umfang vom Parallelhandel als ihre dänischen Nachbarn. Gleichzeitig erzielen die Parallelhändler tiefere Vertriebsmargen. Trotzdem lässt sich auch in Schweden ein positiver Zusammenhang zwischen dem Parallelhandelsaufschlag und dem internationalen Preisunterschied beobachten. Im ersten Halb-

Abbildung 5.2 Beziehung zwischen internationaler Preisdifferenz und Parallelhandelsaufschlag in Schweden

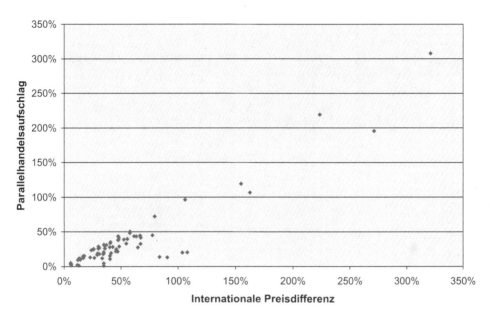

jahr 2005 schwankte der Parallelhandelsaufschlag von in Schweden verkauften Produkten zwischen EUR 0.2 und EUR 135. Dadurch kann gezeigt werden, dass Parallelimporteure und ihre Zulieferer Produkte wählen, deren Preise sich im In- und im Ausland möglichst stark unterscheiden, um diese zu gewinnmaximierenden Preisen zu verkaufen.

5.4 Internationale Preisdiskriminierung durch Parallelimporteure

Abbildungen 5.1 und 5.2 zeigen, dass sich der Preis eines parallelimportierten Produktes nach dem offiziellen Preis im Zielland ausrichtet. Der Preis im Ursprungsland spielt bei der Preisfestsetzung durch den Parallelimporteur demnach eine zweitrangige Rolle. Um diese These zu überprüfen, werden die Apothekeneinkaufspreise von identischen Produkten zweier Parallelimporteure verglichen, welche in ganz Skandinavien tätig sind. Mittels eines Preisvergleichs in Schweden und Dänemark kann untersucht werden, ob die beiden Importeure Preisdiskriminierung betreiben oder nicht. In Schweden beträgt der Grosshandelsaufschlag 2.8%, in Dänemark 7.2%. Sollte ein Parallelhändler in Schweden und Dänemark jeweils denselben Preis verlangen, so müssten sich die Apothekeneinkaufspreise seiner Produkte im Durchschnitt um 4.2% unterscheiden. Für inländische Produkte wird zwischen Schweden und Dänemark eine Preisdifferenz von 8.1% beobachtet. Im Falle des ersten Parallelhändlers liegt die Preisdifferenz bei 12.0%. Beim Parallelhändler 2 unterscheiden sich die Preise im Durchschnitt gar um 14.0%. Die beobachteten Preisdifferenzen für einzelne Produkte schwanken zwischen 1.8 und 36.4%. Die Erhebung bestätigt, dass Parallelimporteure, gleich wie jeder andere rational agierende Akteur, Preisdiskriminierung betreiben.

Tabelle 5.3 Preisdifferenzen zwischen Schweden und Dänemark

	Inländisch	Parallelhändler 1	Parallelhändler 2
Mittelwert	8.1%	12.0%	14.0%
Maximum	23.9%	35.0%	36.4%
Minimum	0.6%	1.8%	1.8%

Quelle: Eigene Berechnungen

6

Soll die Schweiz Parallelimporte von patentgeschützten Produkten zulassen?

6.1 Das schweizerische Gesundheitssystem

6.1.1 Rückerstattung von Arzneimitteln

Alle in der Schweiz niedergelassenen Personen sind zum Abschluss einer obligatorischen Krankenversicherungspolice verpflichtet. Die obligatorische Krankenversicherung trägt den grössten Teil der Kosten der auf der Spezialitätenliste aufgeführten Arzneimittel. In der Grundversicherung gilt eine Jahresfranchise von CHF 300. Bis zu diesem Betrag kommen die Patienten vollumfänglich für die Kosten aller Gesundheitsleistungen und Arzneimittel auf. Versicherte haben die Möglichkeit, eine höhere Franchise zu wählen und profitieren im Gegenzug von tieferen Prämien. Im Jahr 2006 lag die maximale Jahresfranchise für einen Erwachsenen bei CHF 1'500 Nach Erreichen der maximalen Jahresfranchise trägt der Patient 10% der Kosten aller erstattungsfähigen Leistungen bis zu einem Maximum von CHF 700. Hat ein Patient die maximale Jahresfranchise und den Selbstbehalt von CHF 700 geleistet, ist er für das verbleibende Kalenderjahr von jeglichen Zahlungen befreit.

Was die Rückerstattung von patentabgelaufenen Arzneimitteln angeht, so gilt seit April 2006 ein differenzierter Selbstbehalt. Demnach bezahlt ein Patient für das Originalpräparat einen erhöhten Selbstbehalt von 20%, wenn mehr als zwei Drittel aller Generika mindestens 30% günstiger sind als das Original. Für einzelne Generika gilt generell ein Selbstbehalt von 10%, auch wenn die Preisdifferenz zum Original nur gering ist[15]. Für Originalprodukte gilt der Selbstbehalt von 10% nur, wenn sie den Bestimmungen für die Wirtschaftlichkeit von Generika entsprechen, d.h. ihren Preis nach Patentablauf auf Generikaniveau (mindestens 30% tiefer als der ursprüngliche Originalpreis) senken.

Mit der Einführung des differenzierten Selbstbehaltes hat sich für einen Patienten der Anreiz erhöht, von einem Originalpräparat zu einem Generikum zu wechseln. Die finanziellen Anreize für einen Wechsel zum günstigsten Generikum sind aber unverändert klein. Dies sei am Beispiel des Antidepressivums Deroxat (14 Tab./20 mg) und seinen generischen Konkurrenten illustriert. Am 5. Dezember 2006 galt für das Originalpräparat ein Publikumspreis von CHF 43.05. Von den sechs erhältlichen Generika waren vier über 30% günstiger als das Originalpräparat. Der Preis des teuersten Generikums lag bei CHF 34.05, derjenige

---

15 http://www.sozialversicherungen.admin.ch/storage/documents/2408/2408_1_de.pdf, abgerufen am 5.12.2006

des Günstigsten bei CHF 20.90. Beim Kauf des Originalpräparats entrichtet der Patient einen Selbstbehalt von CHF 8.60. Für das teuerste Generikum beträgt der Selbstbehalt CHF 3.40, für das Günstigste CHF 2.10. Kauft der Patient anstelle des Originals das teuerste Generikum so spart er CHF 5.20 oder 60%. Läge der Selbstbehalt für das Original bei 10%, so würde er lediglich 90 Rappen sparen. Das Beispiel zeigt, dass Patienten aufgrund des differenzierten Selbstbehaltes einen deutlich grösseren Anreiz haben, Generika zu kaufen. Bezieht der Patient anstelle des teuersten, das günstigste Generikum, so spart er lediglich CHF 1.30. Hat er die Jahresfranchise und den maximalen Selbstbehalt von CHF 700 bereits bezahlt, so erzielt er keine Einsparungen. Für die Krankenkasse ergäbe sich bei einem Wechsel eine Einsparung von CHF 11.80.

Die Entwicklung auf dem schweizerischen Generikamarkt nach dem 1. Januar 2006 verdeutlicht, dass schon die Ankündigung über die Einführung des differenzierten Selbstbehaltes einen wesentlichen Einfluss auf das Konsumverhalten hatte. Im Jahr 2005 lag der Marktanteil von Generika bei 8%. Im ersten Quartal des Jahres 2006, also noch vor der Einführung des differenzierten Selbstbehalts, lag deren Marktanteil bereits bei 12%. Dies

Tabelle 6.1 Preise und Selbstbehalte von Deroxat und den generischen Konkurrenten

Produkt	Hersteller	Preis	Preisvorteil im Vergleich zum Original	Selbstbehalt (% des Preises)	Selbst-behalt (CHF)
Deroxat	GlaxoSmithkline	43.05	0.0%	20%	8.60
Parexat	Streuli Pharma	34.05	20.9%	10%	3.40
Paroxetin-Mepha	Mepha	31.30	27.3%	10%	3.13
Parexat	Spirig Pharma	29.90	30.6%	10%	2.99
Paroxetin-Helvapharm	Helvapharm	26.75	37.9%	10%	2.68
Paroxetin-Sandoz	Sandoz	21.10	51.0%	10%	2.11
Paroxetin-Teva	Teva	20.90	51.5%	10%	2.09

zeigt, dass der differenzierte Selbstbehalt einen Anreiz darstellt, anstelle des Originals ein Generikum zu kaufen. Für die Patienten besteht allerdings nur ein unwesentlicher Anreiz, zum günstigsten Generikum zu wechseln.

6.1.2 Regulierung von Arzneimittelpreisen

In der Schweiz werden die Preise von erstattungsfähigen Arzneimitteln von den Behörden festgelegt. Das Bundesamt für Gesundheit (BAG) erstellt eine Positivliste der erstattungs-fähigen Arzneimittel, die Spezialitätenliste (SL). Der maximal zulässige Fabrikabgabepreis eines Arzneimittels richtet sich nach zwei Indikatoren: dem internationalen Referenzpreis und dem therapeutischen Quervergleich mit Arzneimitteln mit vergleichbarer Wirkung.

Der Preisvergleich mit dem Ausland geschieht wie folgt: der Preis eines Arzneimittels in der Schweiz darf in der Regel nicht höher sein als der Durchschnittswert der Preise in Dänemark, Deutschland, Grossbritannien und den Niederlanden. Subsidiär, d.h. wenn es innerhalb des Länderkorbs grössere Abweichungen gibt oder ein Produkt nur in einem Teil der Vergleichsländer erhältlich ist, wird der Preis in den Nachbarländern Frankreich, Italien und Österreich als „genereller Indikator" beigezogen. Der Auslandpreisvergleich erfolgt bei der Neuaufnahme in die Spezialitätenliste. Der Preis wird nach der Zulassung mehrmals überprüft: Zwei Jahre nach der Aufnahme in die SL sowie bei Patentablauf und zwei Jahre nach Patentablauf. Zudem berücksichtigt das BAG bei der Festlegung des Fabrikabgabe-preises die relative Wirksamkeit eines neuen Arzneimittels. Jedes neue Produkt wird mit bereits zugelassenen Arzneimitteln für gleichartige Indikationen verglichen. Geht aus dem Vergleich hervor, dass das neue Produkt im Vergleich zu bereits erstatteten Medikamenten über einen therapeutischen Mehrwert verfügt (wirksamer, sicherer), wird dieser Mehrwert mit einem höheren Preis honoriert. Ansonsten erhält es einen Preis, welcher vergleichbar mit denen der bereits zugelassenen Produkte ist.

6.1.3 Der Vertriebskanal für Arzneimittel in der Schweiz

a) Grosshändler

Gegenwärtig wird die Versorgung von Apotheken, Arztpraxen und Spitälern in der Schweiz durch vier grosse und eine Vielzahl kleinerer Grossisten sichergestellt. Galenica, die füh-rende Grosshandelskette besitzt und kontrolliert zudem Apothekenketten und ist in der Forschung, Entwicklung und Produktion von Arzneimitteln tätig. Damit kontrolliert Gale-nica die gesamte Wertschöpfungskette vom Forschungslabor bis zur Apotheke.

Seit 2002 kennt der Handel für den Vertrieb von Arzneimittel eine leistungsorientierte Abgeltung (LOA). Das neue Abgeltungssystem basiert auf einer weitgehend preisunabhän-gigen Honorierung der Leistung von Grosshändlern und Apotheken. Der offizielle „Publi-kumspreis" eines Arzneimittels entspricht dem maximal zulässigen Fabrikabgabepreis sowie den Zuschlägen für die Vertriebskosten ohne LOA, welche als Pauschale je Medikament, bzw. pro Bezug erhoben wird. Es liegt im Ermessen der Grosshändler, dem Arzt oder Apo-theker einen tieferen Preis als den offiziellen „Publikumspreis" zu fakturieren.

Tabelle 6.2 zeigt, dass dennoch ein wesentlicher Teil der Handelsmarge *positiv* mit dem Fabrikabgabepreis korreliert. Dadurch, dass der Grosshändler dem Apotheker das günstigste Generikum zum offiziellen „Publikumspreis" verkauft, für das teuerste aber einen tieferen Preis setzt, kann er bewirken, dass sich Letzterer für das teuerste Generikum entscheidet. In solchen Fällen ist es möglich, dass sowohl Grosshändler als auch Apotheker eine höhere Marge erzielen, als wenn der Apotheker das günstigste Arzneimittel gekauft hätte. Die Tat-sache, dass die Grosshandelsmarge auch nach Einführung der LOA noch immer in positiver Korrelation zum Fabrikabgabepreises steht, behindert den Preiswettbewerb.

b) Apotheken

In Ergänzung zum obenstehenden Zuschlag für Vertriebskosten besteht das Einkommen der Apotheker in der Schweiz aus folgenden Abgabepauschalen:

Tabelle 6.2 Vertriebszuschläge ohne LOA

Preisstufe	Fabrikabgabepreis	Preisbezogener Zuschlag auf den Fabrikabgabepreis	Fester Zuschlag je Packung
1	< 5.–	12%–15%	4.00
2	5–10.99	12%–15%	8.00
3	11–14.99	12%–15%	12.00
4	15–879.99	12%–15%	16.00
5	880–1'799.99	8–10%	60.00
6	> 1'800.–	Kein Zuschlag	240.00

Quelle: BASYS (2002), Auswirkungen staatlicher Eingriffe auf das Preisniveau im Bereich Humanarzneimittel

- einem Medikamentencheck von CHF 4.30 pro Rezeptposition, für die Kontrolltätigkeit
- einem Bezugscheck für das Führen des Patientendossiers von CHF 3.25 pro Einkauf
- einer Generikapauschale über 40%[16] der Preisdifferenz zwischen dem Originalpräparat und dem Generikum. Bei der wiederholten Abgabe von Medikamenten an Patienten mit Dauerrezept, können Apotheker die Pauschale nur einmal verrechnen.

Seit der Einführung der Generikapauschale haben Apotheker einen Anreiz, das günstigste Generikum abzugeben. Die Einführung dieser Pauschale ist Hauptgrund für das starke Wachstum des Generikamarktes seit Beginn dieses Jahrzehnts. Bei der Abgabe von Arzneimitteln an Patienten mit Dauerrezept kann die Generikapauschale, gemessen an den kumulierten Anteilen der Vertriebszuschläge, gering sein. Für den Grosshändler ist es lohnenswerter, den Apotheker zum Kauf eines teureren Generikums zu bewegen, wenn es sich um ein Arzneimittel für ein eine chronische Erkrankung handelt. Dies ist deshalb problematisch, weil Arzneimittel für chronische Erkrankungen für den Grossteil der Arzneimittelausgaben verantwortlich sind. Zudem bewirkt die Generikapauschale, dass sich der relative Preisvorteil eines Generikum im Verhältnis zum Original zwischen der Fabrik und der Apothekertheke verringert. Tabelle 6.3 zeigt ein Beispiel, wo der Fabrikabgabepreis des Generikum 30% unter demjenigen des Originals liegt, währenddem das Generikum in der Apotheke noch 14% günstiger ist als das Original.

c) Selbstdispensierende Ärzte

In der Schweiz erzielen selbstdispensierende Ärzte ungefähr 30% des Umsatzes mit verschreibungspflichtigen Arzneimitteln. Selbstdispensierende Ärzte können für ein erstattungspflichtiges Arzneimittel den *„Publikumspreis"* verrechnen. Im Gegensatz zu den Apothekern erhalten sie keine Patienten- oder Apothekerpauschale. Die Marge eines selbstdispensierenden Arztes entspricht demnach der Spanne zwischen dem offiziellen Publi-

---

16 Maximal CHF 21,60

Tabelle 6.3 Vertriebsmargen für Generika und Originale (in CHF)

	Original	Generikum	Verhältnis Generikum/Marke
Fabrikabgabepreis	15	10.7	0.7
Preisbezogener Zuschlag auf den Fabrikabgabepreis	2.3	1.3	0.56
Fester Zuschlag je Packung	16	12	0.75
Vertriebszuschlag gesamt	18.3	13.3	0.73
Offizieller Publikumspreis	33.3	23.9	0.72
Generikapauschale	0	3.6	
Medikamentencheck	4.3	4.3	1.00
Bezugscheck	3.25	9.2	1.00
Effektiver Publikumspreis	40.85	55.25	0.86

Quelle: Eigene Berechnungen, basierend auf Interpharma (2007), Pharmamarkt Schweiz Ausgabe 2007

kumspreis und dem effektiven Bezugspreis beim Grosshändler. Genau wie ein Apotheker erhält der selbstdispensierende Arzt bei der Abgabe eines Generikums eine entsprechende Pauschale. Grundsätzlich hat ein Arzt aufgrund der Generikapauschale finanzielle Anreize, das günstigste Generikum zu kaufen. Allerdings hat der Grosshändler die Möglichkeit, das Einkaufsverhalten des Arztes zu beeinflussen. Zudem können wir davon ausgehen, dass selbstdispensierende Ärzte aufgrund des geringeren Lagerraums und Arzneimittelumsatzes oft nur über das Original und ein Generikum verfügt, um seinen Patienten einen wiederholten Wechsel von einem Generikum zum anderen zu ersparen. Dadurch verringert sich der Preiswettbewerb unter den Generikaherstellern.

6.2 Beurteilung der Rahmenbedingungen für den Wettbewerb unter Parallelimporteuren in der Schweiz

6.2.1 Vereinfachte Zulassung

Da bei Patenten nach der geltenden Rechtsprechung die nationale Erschöpfung gilt, sind Parallelimporte patentgeschützter Arzneimittel in die Schweiz untersagt. Seit 2002 ermöglicht das Heilmittelgesetz jedoch Parallelimporte von patentfreien Arzneimitteln. Beabsichtigt ein Grosshändler, ein in der Schweiz zugelassenes Arzneimittel zu importieren, so kann er dafür eine vereinfachte Zulassung beantragen. Erteilt wird die vereinfachte Zulassung dann, wenn ein Produkt aus einem Land importiert wird, in welchem vergleichbare Anforderungen an Arzneimittelsicherheit und Qualität gelten wie in der Schweiz. Diese Kriterien werden von den Mitgliedstaaten der EU, den USA, Kanada, Japan, Australien und Neuseeland erfüllt.

Wie in der EU müssen Importeure auch in der Schweiz eine Reihe von Angaben zum ausländischen Produkt machen. Aufgrund dieser Angaben überprüft Swissmedic, ob die ausländische mit der schweizerischen Produktversion identisch ist, und die vereinfachte Zulassung erteilt werden kann. Insgesamt sind die Anforderungen der Swissmedic mit denjenigen der EMEA und den nationalen Zulassungsbehörden innerhalb der EU vergleichbar. Mit der Einführung der vereinfachten Zulassung für parallelimportierte Produkte sind die Markteintrittskosten für Parallelimporteure deutlich gesunken. Die Möglichkeit eine solche vereinfachte Zulassung zu beantragen, gilt als Grundvoraussetzung dafür, dass Parallelhandel erst stattfinden kann.

6.2.2   Ungenügende Anreize für Zwischenhändler und Patienten

Seitdem Apotheker für die Abgabe von Generika eine finanzielle Entschädigung erhalten und für Patienten der differenzierte Selbstbehalt bei patentabgelaufenen Medikamenten gilt, sind die Umsätze und Marktanteile von Generika deutlich gestiegen. Während die Generikasubstitution mit gezielten Massnahmen gefördert wird, bestehen derzeit weder für Apotheker noch für Patienten Anreize, günstigere parallelimportierte Arzneimittel zu kaufen. Die Selbstbehaltregel behandelt parallelimportierte Originale gleich wie inländische. Ist von einem bestimmten Wirkstoff kein Generikum erhältlich, so gilt sowohl für das inländische als auch für das parallelimportierte Original ein Selbstbehalt von 10%. Sind Generika verfügbar, so gelten für den Parallelimporteur dieselben Regeln wie für die inländische Vertriebsgesellschaft des Originals. Um vom reduzierten Selbstbehalt zu profitieren, muss der Parallelimporteur einen Preis setzen, der in der Spanne der Preise der Generika liegt. Aufgrund dieser Regelungen haben Patienten nur einen bedingten Anreiz, parallelimportierte Originale zu kaufen.

Aufgrund der Gestaltung der Vertriebszuschläge haben Grosshändler ein Interesse daran, möglichst teure Arzneimittel zu verkaufen. Apotheker erhalten für die Abgabe von günstigeren parallelimportierten Arzneimitteln keine Sonderabgeltung und sind auch nicht verpflichtet, solche zu verkaufen. Diese Rahmenbedingungen erschweren den Parallelimporteuren den Markteintritt und behindern zudem den Preiswettbewerb. Die Schaffung starker Anreize, das günstigste aller wirkstoffgleichen Medikamente abzugeben, ist eine Grundvoraussetzung für einen wirksameren Wettbewerb.

6.2.3   Ungenügender Wettbewerb unter Anbietern wirkstoffgleicher Medikamente: Das Beispiel des schweizerischen Generikamarktes

Der schweizerische Generikamarkt befindet sich seit Beginn dieses Jahrzehnts im Wandel. Erzielten Generika in den 90er Jahren noch Marktanteile von weniger als 2%, wachsen die

Generikaumsätze nun seit fünf Jahren deutlich schneller als der Gesamtmarkt. Im Jahr 2006 wuchsen die Generikaumsätze, getrieben von der Einführung des differenzierten Selbstbehaltes, um 46%. Der gesamte Arzneimittelmarkt wuchs im gleichen Zeitraum lediglich um 1.9%. Gleichzeitig erhöhte sich der Marktanteil der Generika am Gesamtmarkt von 8% im 2005 auf 11.6% im Jahr 2006.

Der differenzierte Selbstbehalt löste eine Intensivierung des Preiswettbewerbs zwischen Original- und Generikaherstellern aus. So waren innerhalb des ersten Semesters 2006 Preiskürzungen auf über 500 Originalpräparate und Generika zu beobachten. Dieser Trend lässt sich dadurch erklären, dass Originalhersteller, welche schnell Marktanteile verlieren, Anreize haben, den Preis zu senken, um zu verhindern, dass Patienten für das Original einen höheren Selbstbehalt von 20% des Packungspreises bezahlen müssen. Generikahersteller hingegen haben einen Anreiz, ihre Preise zu senken, um zu bewirken, dass Patienten für das Original einen Selbstbehalt von 20% entrichten müssen. Im Dezember 2006 lag der durchschnittliche „Publikumspreis" eines Generikums 28% unter demjenigen des Originals, verglichen mit einer Preisdifferenz von 32% im Januar 2006. Währenddem der gewichtete Durchschnittspreis der Originale zwischen Januar und Dezember 2006 um 15% zurückging, nahm der Durchschnittspreis der Generika nur um 10% ab. Die Einführung des differenzierten Selbstbehaltes fördert den Wettbewerb unter Generikaherstellern in einem schwächeren Ausmass als den Wettbewerb zwischen Herstellern von Generika und Originalpräparaten. Ein internationaler Vergleich von Generikapreisen zeigt, dass diese in der Schweiz deutlich höher sind als in Deutschland, den skandinavischen Staaten oder Grossbritannien.

Insgesamt fördern die in den letzten Jahren getroffenen Massnahmen den Wettbewerb nur in ungenügendem Ausmass. Um eine messbare Reduktion der Generikapreise herbeizuführen bedarf es grundlegender Systemänderungen.

6.3 Reformvorschläge für die Abgeltung der Zwischenhändler und die Vergütung von Arzneimitteln

6.3.1 Entkopplung des Vertriebsaufschlages vom Fabrikabgabepreis

Tabelle 6.2 zeigt, dass der Handelsaufschlag auch nach Einführung der LOA positiv mit dem Fabrikabgabepreis eines Arzneimittels korreliert. Bei der Abgabe von patentabgelaufenen Arzneimitteln können sich Apotheker besser stellen, indem sie das günstigste Generikum abgeben, sofern für das vorliegende Rezept noch kein Generikum abgegeben wurde. Erhält der Apotheker keine Generikapauschale, so können sowohl der Apotheker als auch der Grosshändler einen Anreiz haben, ein möglichst teures Arzneimittel abzugeben. Dies ist insbesondere bei parallelimportierten Produkten, meist aber auch bei inländischen Generika, welche bei chronischen Erkrankungen zum Einsatz kommen, der Fall. Aus den genannten Gründen wäre es vorteilhaft, wenn die Handelsmarge vollständig vom Fabrikabgabepreis eines Arzneimittels entkoppelt würde.

6.3.2 Beschränkung des Rückerstattungsbetrages auf den Preis des günstigsten aller wirkstoffgleichen Arzneimittel

Gemäss der heutigen Regelung bezahlen Patienten beim Bezug des inländischen Originalpräparates einen Selbstbehalt von 20%, sofern der Preisabstand zwischen Original und mindestens zwei Drittel aller Generika 30% oder grösser ist. Beim Bezug eines Generikums bezahlt der Patient auch dann 10% des Packungspreises, wenn die Preisdifferenz zwischen diesem Generikum und dem Original deutlich kleiner als 30% ist. Für parallelimportierte Originale, für welche es Generika gibt, gilt ein Selbstbehalt von 10%, sofern der Preis für das parallelimportierte Original vergleichbar ist mit den Preisen für Generika. Grundsätzlich ist es möglich, dass das parallelimportierte Original (Selbstbehalt 10%) zwar günstiger ist als das inländische Original (Selbstbehalt 20%), jedoch teurer als die meisten Generika. In solchen Fällen ist es denkbar, dass ein Patient, der sich sonst für ein günstiges Generikum entschieden hätte, nun das teurere parallelimportierte Original bezieht. Anstelle von Einsparungen generiert das parallelimportierte Produkt in diesem Fall Zusatzausgaben.

Aus diesen Gründen erscheint es empfehlenswert, dass der Rückerstattungsbetrag für ein Arzneimittel dem Preis des günstigsten aller wirkstoffgleichen Arzneimittel angepasst wird. Falls der verschreibende Arzt die Substitution ausschliesst, so soll der volle Preis des vom Arzt gewünschten Präparates (Original oder bestimmtes Generikum) erstattet werden. Entscheidet sich jedoch der Patient selbst für ein teureres Produkt, so hat er die gesamte Preisdifferenz aus eigener Tasche zu bezahlen, unabhängig davon, ob er den maximalen Selbstbehalt von CHF 700 schon bezahlt hat. Eine solche Regelung hätte eine Intensivierung des Wettbewerbes auch unter Generikaherstellern und Parallelhändlern zur Folge.

6.3.3 Anweisungen an Apotheker, das günstigste aller wirkstoffgleichen Produkte abzugeben

Die Entwicklung der letzten Jahre zeigt, dass die Generikapauschale ein wichtiger Grund für den raschen Anstieg des Marktanteils von Generika ist. Beobachtet man die Preisentwicklung und vergleicht sie mit derjenigen im Ausland, so kann festgestellt werden, dass die Generikapauschale kein griffiges Instrument zur Belebung des Preiswettbewerbs unter Generikaherstellern ist. Fragwürdig ist diese Pauschale schon deshalb, weil eine Preisreduktion seitens des Herstellers nur teilweise dem Patienten zugute kommt. Aus diesem Grund empfiehlt sich die Abschaffung der Generikapauschale sowie die Einführung einer Substitutionspflicht sowohl für Apotheker als auch für Grosshändler. Wie in Schweden sollten Apotheker verpflichtet werden, das jeweils günstigste aller wirkstoffgleichen Arzneimittel abzugeben.

6.4 Alternativen zur derzeitigen Erschöpfungsregelung bei Immaterialgüterrechten

6.4.1 Die gegenwärtige Erschöpfungsregelung in der Schweiz und anderen Industrienationen

Die Erschöpfungsregelung entscheidet darüber, in welchem Ausmass der Inhaber der geistigen Eigentumsrechte eines Produkts über dessen Weiterveräusserung verfügen kann. Erschöpft das Eigentumsrecht international, so kann sich der Eigentümer nicht gegen die Einfuhr eines Produktes wehren, welches im Ausland mit seiner Zustimmung in den Verkehr gebracht wurde. Verkauft ein Sonnenbrillenhersteller sein markenrechtlich geschütztes Produkt an einen Grosshändler in Thailand und erschöpft das Markenrecht in der Schweiz international, so kann sich der Sonnenbrillenhersteller nicht gegen die Weiterveräusserung des Produktes an einen Schweizer Einzelhändler wehren. Im Falle der nationalen Erschöpfung kann der Inhaber des Eigentumsrechtes Importe, welche ohne seine Zustimmung erfolgen, verbieten. Erschöpft das Eigentumsrecht regional, so sind Parallelimporte aus einer Auswahl von Ländern legal.

In der Schweiz gilt die internationale Erschöpfung von Marken- und Urheberrechten. Somit können Grosshändler Parfüms, Kleider, Motorwagen und DVDs direkt aus Südostasien oder den Vereinigten Staaten beziehen, ohne dass der Inhaber der geistigen Eigentumsrechte sein Einverständnis erteilt hätte. Parallelimporte patentgeschützter Produkte sind hingegen verboten.

Innerhalb der Europäischen Union gilt für alle Immaterialgüterrechte die regionale Erschöpfung. Damit erlaubt die EU den Parallelhandel immaterialrechtlich geschützter Produkte innerhalb des Europäischen Binnenmarktes. Parallelimporte aus Ländern ausserhalb der EU sind hingegen verboten. Somit ist das europäische Immaterialgüterrecht restriktiver als das schweizerische. Dem europäischen Konsument bleibt im Gegensatz zum schweizerischen der Zugang zu günstigeren parallelimportierten Konsumgütern, z.B. aus den Vereinigten Staaten und Südostasien, verwehrt.

Die Vereinigten Staaten lassen Importe von patentrechtlich geschützten Produkten zu, falls der Händler im Besitz einer – vom Inhaber des geistigen Eigentumsrechts – ausgestellten Importlizenz ist. In der Praxis können Patentinhaber demnach Parallelimporte einfach unterbinden. Parallelimporte markenrechtlich geschützter Produkte sind erlaubt, falls die amerikanische und die ausländische Produktversion identisch sind. Unterscheidet sich das amerikanische Produkt vom ausländischen auch nur marginal (z.B. anderer Verschluss oder anderes Etikett auf einer Parfümflasche), so sind Parallelimporte markenrechtlich geschützter Produkte, nicht nur von Arzneimitteln, nicht zulässig.

In Japan gilt die internationale Erschöpfung von Patentrechten, sofern der Patentinhaber mit seinen Kunden im Ausland keine anderslautende Vereinbarung getroffen hat. Durch das Treffen einer Vereinbarung mit allen Grosshändlern kann der Inhaber der geistigen Eigentumsrechte Parallelimporte nach Japan unterbinden. Im Gegensatz zu den Mitgliedstaaten der EU oder der Schweiz kennt Japan für parallelimportierte Arzneimittel kein vereinfachtes Zulassungsverfahren. Ein solches gilt als Voraussetzung dafür, dass Parallelhandel erst stattfinden kann.

Nur Argentinien und Honkong sehen die internationale Erschöpfung vor. Alle übrigen Industriestaaten wenden entweder den Grundsatz der nationalen Erschöpfung an oder ermöglichen dem Patentinhaber auf Grund der Theorie der implied license, durch Vereinbarung das mitübertragenen Recht zur Weiterveräusserung zu beschränken (so z.B. Kanada und Australien).[17]

Tabelle 6.4 Erschöpfung von Eigentumsrechten in den führenden Industrienationen

	Patente	Markenrechte	Urheberrechte
EU	Regional	Regional	Regional
USA	National[a]	National[b]	National[c]
Australien	National	International	International
Kanada	National[d]	International	International
Japan	National[e]	International	International
Schweiz	National	International	International

[a] Parallelimporte sind erlaubt, sofern der Eigentümer sein Einverständnis gegeben hat
[b] Theoretisch gilt die internationale Erschöpfung. Praktisch genügt es, im Ausland eine Produktversion zu verkaufen, welche sich nur marginal von der inländischen unterscheidet, um den Parallelhandel zu unterbinden
[c] Das oberste Gericht hat die Grundlage für Parallelimporte geschaffen
[d] Implied Licenses ermöglichen es dem Patentinhaber die Weiterveräusserung eines Produktes und somit die Paralleleinfuhr von patentgeschützten Produkten zu beschränken
[e] Parallelimporte sind erlaubt, wenn der Eigentümer diese nicht ausdrücklich verbietet

6.4.2 Das TRIPS Abkommen und die Erschöpfung von Eigentumsrechten

Die Schweiz ist Mitglied der Welthandelsorganisation WTO und Unterzeichnerin der GATT/ TRIPS Verträge. Gemäss dem TRIPS Abkommen sind Mitglieder der WTO in der Wahl der Erschöpfungsregelung im Bereich der Immaterialgüterrechte frei, sofern sie nicht einzelne Mitgliedsstaaten diskriminieren. Eine solche Diskriminierung läge vor, wenn beispielsweise die Schweiz Parallelimporte aus Belgien oder Griechenland zuliesse, solche aus Brasilien oder China jedoch verbieten würde. Die Europäische Union ist als volles Mitglied der WTO frei zu entscheiden, ob sie Parallelimporte aus Drittstaaten zulassen will oder nicht. Die in der EU geltende Gemeinschaftserschöpfung steht demnach im Einklang mit dem TRIPS Abkommen. Vertragswidrig wäre es hingegen, wenn die Schweiz unilateral entscheiden würde, Parallelimporte patentrechtlich geschützter Produkte nur aus den EU-Mitgliedsländern zuzulassen.

---

17 Parallelimporte und Patentrecht, Bericht des Bundesrates vom 8. Mai 2000

Rechtlich möglich wäre ein bilaterales Abkommen zwischen der Schweiz und der EU über eine „Zollunion" für patentrechtlich geschützte Güter. Ein Vorstoss in diese Richtung wurde allerdings in den 1980er Jahren von der Europäischen Kommission abgelehnt[18], da die europäischen Konsumenten aufgrund der Richtung des Preisgefälles kaum von einem solchen Abkommen profitieren würden. Politisch liesse sich ein bilaterales Abkommen mit der EU wohl nur dann umsetzen, wenn die Schweiz der EU in anderen Bereichen, wie etwa beim Steuerwettbewerb oder dem Bankgeheimnis, entgegen kommen würde. Vor dem Beitritt Schwedens und Österreichs zur EU, erschöpften in den beiden EFTA-Staaten Marken- und Urheberrechte international. Der Europäische Gerichtshof zwang die beiden Länder zur Aufgabe der internationalen- und zur Umsetzung der regionalen Erschöpfung im Bereich der Marken- und Urheberrechte. Es besteht kein Zweifel daran, dass die beiden Länder darauf bestünden, dass ein allfälliges bilaterales Abkommen mit der Schweiz *alle* Immaterialgüterrechte umfassen würde. Im Falle eines bilateralen Abkommens mit der EU müsste die Schweiz die internationale Erschöpfung im Bereich des Marken- und Urheberrechts aufgeben, nur um die regionale Erschöpfung von Patenrechten einführen zu können. Da schweizerische Konsumenten für patentrechtlich geschützte Produkte nur einen Bruchteil dessen ausgeben, was sie für urheber- und markenrechtlich geschützte Güter aufwenden, ist es sehr wahrscheinlich, dass der Nettonutzen eines solchen Abkommens negativ wäre.

6.4.3 Auswirkungen einer Angleichung der Erschöpfungsregelung an europäisches Recht: Die Erfahrungen von Schweden

Im Jahr 1995 verklagte der österreichische Brillenhersteller Silhouette die Firma Hartlauer, welche Sonnenbrillen in Bulgarien einkaufte und parallel am klassischen Vertriebskanal vorbei nach Österreich importierte, wo Markenrechte international erschöpfen. Silhouette stützte sich auf das Argument, dass in diesem Fall nicht das österreichische, sondern das europäische Recht massgeblich sei, welches besagt, dass alle Immaterialgüterrechte regional erschöpfen. Der Fall wurde über mehrere Instanzen an den Europäischen Gerichtshof gereicht. Dieser befand im Jahre 1998, dass Parallelimporte aus Drittstaaten in die EU im Widerspruch mit dem Gemeinschaftsrecht stünden. Österreich hätte demnach seine Regelung betreffend der Erschöpfung von Immaterialgüterrechten an diejenige der EU anpassen und Hartlauer Parallelimporte von Sonnenbrillen aus Bulgarien verbieten müssen. Von diesem Entscheid war auch Schweden betroffen, wo Parallelimporte von Konsumgütern aus Südostasien und den USA in ausgewählten Güterklassen hohe Marktanteile erzielten.

Gemäss den schwedischen Wettbewerbsbehörden belief sich der Gesamtumsatz parallelimportierter, *markenrechtlich* geschützter Konsumgüter im Jahr 1999 auf SEK 9 Mrd.[19]. Selbst wenn der Anteil des Umsatzes parallelimportierter Produkte am gesamten privaten Konsum von SEK 925 Mrd. vernachlässigbar ist, so führen diese bei gewissen Produktgrup-

---

18 Parallelimporte und Patentrecht, Bericht des Bundesrates vom 8. Mai 2000 in Beantwortung der Anfrage der Kommission für Wirtschaft und Abgaben des Nationalrats (WAK) vom 24. Januar 2000

19 Larsson, P (1999). Parallel Imports: A Swedish Study on Effects of the Silhouette Ruling

pen zu beachtlichen Einsparungen. Beim Automobilzubehör liegt der Marktanteil parallelimportierter Produkte bei 20%. Zwei Drittel aller Importe stammen dabei aus Ländern ausserhalb der EU. Bei Motorrädern und Kleidern liegt der Anteil bei 10%, wobei diese Güter beinahe ausschliesslich aus den USA und Südostasien stammen. Durchschnittlich lag der Preis eines parallelimportierten Gutes 15-30% unter demjenigen des inländischen Artikels. Bei den Motorrädern beobachtete die Wettbewerbskommission zudem erhebliche indirekte Einspareffekte. Der Wegfall des Wettbewerbdrucks durch parallelimportierte Motorräder kann folglich dazu führen, dass deren Preise wieder steigen.

Im Jahre 1997 stammten 60% aller parallelimportierten Produkte in Schweden aus Ländern ausserhalb der EU bzw. des EWR[20]. Larsson geht davon aus, dass die Umsätze der Parallelimporteure nach einer Anpassung des Erschöpfungsrechts an die Vorgaben der EU um SEK 5.5 Mrd. zurückgehen. Aufgrund des Umsatzeinbruchs müssten 5'500 Arbeitskräfte entlassen werden. Gleichzeitig würden im klassischen Handel die Umsätze um SEK 3 Mrd. und die Gewinne um SEK 100 Mio. steigen. Larsson erwartet zudem, dass schwedische Konsumenten vermehrt bei **ausländischen** Internet-Versandhändlern bestellen werden, um die durch den Entscheid des EuGH verursachten Preiserhöhungen abzufedern. Insgesamt hätte der schwedische Einzelhandel mit Umsatzeinbussen von 2.5 Milliarden Schwedischen Kronen zu rechnen. Aufgrund des Umsatzrückganges im Einzelhandel und der rückläufigen Beschäftigung entstünden dem schwedischen Staat Steuerausfälle von SEK 750 Mio. und der staatlichen Arbeitslosenversicherung Zusatzkosten von 350 Millionen Schwedischen Kronen.

Infolge des vom EuGH auferlegten Verbotes, parallelimportierte Produkte aus Ländern ausserhalb der EU zu beziehen, entsteht der schwedischen Volkswirtschaft ein Verlust von 3.6 Milliarden Schwedischen Kronen oder 416 Millionen Euro. Somit ist der Schaden, welcher sich aus dem Silhouette-Urteil ergibt, neun mal höher als die jährlichen Einsparungen durch Parallelimporte von Arzneimitteln[21] aus dem EU-Raum. Diese beliefen sich im Jahr 2003 auf lediglich 45 Millionen Euro.

Das Beispiel von Schweden, das sich durchaus auf die Schweiz übertragen lässt, zeigt, dass die Aufgabe der internationalen Erschöpfung von Marken- und Urheberrechten ein hoher Preis ist für die Erlangung der regionalen Erschöpfung von Patentrechten. Ein bilateraler Vertrag mit der EU wäre deshalb kaum im Interesse der Schweiz. Prüfen sollten der Bundesrat und das Parlament deshalb lediglich die Option der internationalen Erschöpfung im Patentrecht. Im nächsten Abschnitt wird diskutiert, wie sich ein solcher Wechsel auf die Medikamentenpreise und -ausgaben auswirken würde.

6.5   Auswirkungen eines Systemwechsels im Patentrecht auf die Arzneimittelausgaben in der Schweiz

Wie sich die Zulassung von Parallelimporten patentgeschützter Arzneimittel auf die Arzneimittelausgaben auswirken würde, hängt von einer Reihe von Faktoren ab, wie beispielsweise:

---

20   Larsson, P (1999). Parallel Imports: A Swedish Study on Effects of the Silhouette Ruling

21   Patentgeschützt und Patentfrei

- Dem durchschnittlichen Preisabstand zwischen der Schweiz und den Ländern, aus welchen Arzneimittel importiert werden,
- dem Gesamtumsatz patentgeschützter Arzneimittel,
- der Wettbewerbsintensität zwischen Importeuren, Gross- und Einzelhändlern in der Schweiz,
- dem Vorliegen regulatorischer Handels- und Wettbewerbshemmnisse in der Schweiz.

Aus Kapitel 6.4 geht hervor, dass die Schweiz nicht befugt ist, unilateral eine Regelung der regionalen Erschöpfung umzusetzen. Ein bilaterales Abkommen über die regionale Erschöpfung von Immaterialgüterrechten mit der EU wäre dagegen im Einklang mit dem TRIPS Abkommen. Da die Erschöpfungsreglung der Europäischen Union insgesamt restriktiver ist als diejenige der Schweiz, würde ein solches Abkommen eher zu einer Erhöhung als zu einer Reduktion des Landesindex der Konsumentenpreise führen. Aus diesem Grund wird im nachfolgenden Abschnitt lediglich die Alternative der internationalen Erschöpfung von Patentrechten untersucht.

6.5.1 Durchschnittlicher Preisabstand zwischen der Schweiz und den Ländern, aus welchen Arzneimittel parallel importiert werden

Sollte die Schweiz die internationale Erschöpfung im Patentrecht umsetzen, so könnten Grosshändler patentgeschützte Produkte weltweit beziehen, um diese in der Schweiz zu verkaufen. Die Praxis zeigt allerdings, dass Parallelhandel von Arzneimitteln nur dann stattfindet, wenn der Parallelhändler für ein im Ausland gekauftes Produkt eine vereinfachte Zulassung beantragen kann. Das Heilmittelgesetz sieht eine vereinfachte Zulassung parallelimportierter Arzneimittel vor, sofern diese aus einem Land stammen, dessen Arzneimittelprüfverfahren mit demjenigen der Swissmedic vergleichbar ist. Gemäss heutiger Rechtslage sind dies die Mitgliedstaaten der EU, die USA, Kanada, Japan, Australien und Neuseeland. Es ist damit zu rechnen, dass auch nach einer Änderung der Erschöpfungsregelung an diesem Grundsatz festgehalten würde. Die Gewährung eines vereinfachten Prüfverfahrens für aus Schwellen- und Entwicklungsländern importierte Arzneimittel würde insbesondere aufgrund des dortigen hohen Anteils an Fälschungen ein Gesundheitsrisiko darstellen. Gemäss Schätzungen der WHO und der FDA sind 10–30% aller in Brasilien, China, Indien, Westafrika und Russland verkauften Arzneimittel gefälscht.

Laut PLAUT liegt bei Arzneimitteln die Preisspanne zwischen den Mitgliedstaaten der EU und der Schweiz bei 30%[22]. In den USA und Japan sind die Preise tendenziell höher als in der Schweiz, weshalb diese Länder nicht als Ursprungsmärkte von parallelimportierten Arzneimitteln in Frage kommen. Die Preise in Kanada, Australien und Neuseeland liegen im europäischen Durchschnitt. Allerdings sind die Transportkosten von Nordamerika oder Ozeanien in die Schweiz deutlich höher als die Kosten für den Transport aus Europa. Auf-

---

22 Vaterlaus, S (2004): Auswirkungen eines Wechsels zur regionalen Erschöpfung im Patentrecht,, Plaut Economics, Bern

grund der hohen Transportosten ist zu erwarten, dass Parallelhändler davon absehen, Arzneimittel aus Übersee zu beziehen. Expertengespräche zeigen, dass hohe Transportkosten ein wichtiger Grund sind, weshalb Finnland im Vergleich zu anderen nordeuropäischen Ländern wenig Parallelimporte anzieht. Sollte sich die Schweiz für die internationale Erschöpfung von Patentrechten entscheiden, so würde erwartungsgemäss der grösste Teil der Arzneimittel aus der EU importiert werden. Es erscheint deshalb naheliegend, dass ein Systemwechsel zur regionalen Erschöpfung im Patentrecht in seinen Auswirkungen auf die Arzneimittelausgaben vergleichbar wäre mit einem Systemwechsel zur internationalen Erschöpfung. Was die Auswirkungen eines Systemwechsels auf die Arzneimittpreise und -ausgaben anbelangt, so scheint es sinnvoll, die Erfahrungen der EU als Referenz herbeizuziehen.

6.5.2   Spareffekte durch den Parallelhandel in der EU

In den sechs grössten Zielmärkten für Parallelimporte von Arzneimitteln innerhalb der EU liegt der Preis für eine parallelimportierte Packung im Durchschnitt 9.7% unter dem Preis des inländischen Produktes. Insgesamt resultieren durch Parallelimporte Einsparungen von 1.0%, gemessen an den gesamten Arzneimittelausgaben. Zwischen den einzelnen EU Mitgliedstaaten gibt es deutliche Unterschiede, sowohl was den Marktanteil als auch den durchschnittlichen Preisvorteil parallelimportierter Produkte anbelangt. Mit Einsparungen von lediglich 0.2% der Arzneimittelausgaben ist der aus dem Parallelhandel resultierende Nutzen in Norwegen am geringsten. Den grössten Nutzen generieren Parallelimporte in Schweden und den Niederlanden, wo sich die Einsparungen auf 1.7% der Arzneimittelausgaben belaufen.

6.5.3   Modellierung des Spareffektes für die Schweiz

Parallelimporte patentabgelaufener Arzneimittel in die Schweiz sind bereits heute erlaubt. Von einer Änderung der Erschöpfungsregelung betroffen wären demnach lediglich patentgeschützte Arzneimittel, welche im Jahre 2000 einen Umsatz von CHF 1.854 Mio. zu Grosshandelspreisen erzielten. Gemessen am Gesamtumsatz der in der Schweiz abgesetzten Arzneimittel wurden 31% in der Schweiz, 40% in der EU und 29% im Rest der Welt hergestellt. Nicht alle Produkte, die in der Schweiz zum Verkauf zugelassen sind, sind auch im Ausland erhältlich. Dies liegt unter anderem daran, dass sich Packungsgrössen und Dosierungen identischer Produkte von einem Land zum anderen unterscheiden. Derzeit sind Parallelhändler und Generikahersteller verpflichtet, jede vom Hersteller des Originalpräparates angemeldete Formulierung anzubieten. Dies kann die Entscheidung eines Parallelhändlers, ein Produkt anzubieten negativ beeinflussen oder einen Import verunmöglichen. Es kann davon ausgegangen werden, dass lediglich 70–98% aller in der Schweiz registrierten Arzneimittel importiert werden könnten.

Aus Tabelle 6.5 ist ersichtlich, dass parallelimportierte Arzneimittel in der EU über einen Marktanteil von 6 bis 13% verfügen, woraus geschlossen werden kann, dass auch für die Schweiz ein Anteil von 6–13% am Gesamtmarkt zu erwarten ist. Entscheidend ist allerdings nicht der Anteil am gesamten sondern am Markt patentgeschützter Arzneimittel.

Tabelle 6.5 Spareffekte durch den Parallelhandel in der EU (2002), in Mio. EUR zu Apothekeneinkaufspreisen

	Umsatz PI	Marktan-teil PI	Gesamtum-satz Arznei-mittel	Preisvor-teil PI	Einspa-rungen PI	Einsparungen PI als % von den Arznei-mittelausgaben
DE	1'332	7.1%	18'761	6.7%	95.7	0.5%
DK	178	9.4%	1'894	8.8%	17.2	0.9%
NL	267	9.0%	2'967	15.8%	50.1	1.7%
NO	78	6.3%	1'238	3.0%	2.4	0.2%
SE	228	9.1%	2'505	15.7%	42.5	1.7%
UK	2'154	13.1%	16'443	10.3%	246.6	1.5%
Total	4'237	9.7%	43'807	9.7%	455	1.0%

Quelle: Eigene Berechnungen basierend auf Kanavos & Costa-Font, EFPIA, DLI, LS and Farmastat

Um den korrigierten Marktanteil zu ermitteln, werden zwei Szenarien entworfen. Gemäss dem ersten Szenario ist der Marktanteil parallelimportierter Produkte im patentgeschützten Markt 25% höher als im patentabgelaufenen Markt, im zweiten Szenario dreimal höher. Gemessen am gesamten Arzneimittelmarkt halten patentgeschützte Arzneimittel einen Anteil von 57%. Daraus kann abgeleitet werden, dass der Anteil parallelimportierter Produkte am patentgeschützten Markt nach einer Änderung der Erschöpfungsregel zwischen 7 und 18% liegen würde. Unter diesen Annahmen erzielen parallelimportierte Arzneimittel einen Gesamtumsatz von 148 bis 332 Millionen Franken. Wird zusätzlich davon ausgegangen, dass parallelimportierte Arzneimittel 2 bis 16% günstiger sind als inländische Produkte, so resultieren direkte Einsparungen von CHF 2.4 bis 53 Mio.

In Schweden finden sich Hinweise darauf, dass der Parallelhandel zusätzlich zu den direkten auch indirekte Einsparungen generieren kann. Gemäss Ganslandt und Maskus[23] stiegen die Preise von inländischen Arzneimitteln, welche zwischen Januar 1996 und Dezember 1997 der Konkurrenz des Parallelhandels ausgesetzt waren, 1.2% langsamer an als diejenigen von Arzneimitteln ohne Konkurrenz. Eigene Erhebungen ergeben, dass ein Parallelhändler ein Produkt im Durchschnitt über einen Zeitraum von drei Jahren anbietet. Das durchschnittliche parallelimportierte Produkt ist demnach seit 18 Monaten auf dem Markt. Folglich kann davon ausgegangen werden, dass der Preis eines Originals durchschnittlich 1% tiefer ist, wenn es der Konkurrenz von parallelimportierten Produkten ausgesetzt ist. In den anderen Ländern können keine Hinweise für indirekte Spareffekte gefunden werden. Folglich wird die Annahme getroffen, dass der Preis eines Originals durchschnittlich 0–1% tiefer ist, wenn parallelimportierte Substitute erhältlich sind.

Tabelle 6.6 zeigt, dass es für inländische Originale mit einem Umsatz von bis zu CHF 1.465 Mio. mindestens ein parallelimportiertes Substitut geben wird. Folglich führt der

23 M. Ganslandt, K.E. Maskus (2004), J. of Health Economics 23 (2004) 1035–1057, S. 1049

Parallelhandel in der Schweiz zu indirekten Einsparungen von bis zu CHF 14.9 Mio. Insgesamt ist mit Einsparungen von CHF 2.4 Mio. bis 69 Mio. zu Grosshandelspreisen zu rechnen. PLAUT zeigt, dass die Einsparungen zu Konsumentenpreisen aufgrund der LOA vergleichbar wären. Demnach führt der Parallelhandel mit patentgeschützten Arzneimitteln zu Einsparungen von CHF 0.30 bis CHF 9.50 pro Kopf und Jahr. Tabelle 6.6 fasst die Annahmen und Ergebnisse des Modells zusammen.

Tabelle 6.6 zeigt, dass die Unterschiede zwischen dem optimistischen und dem pessimistischen Szenario erheblich sind. Dieses Resultat spiegelt die beobachteten Unterschiede in der EU wieder. Diese Arbeit zeigt, dass eine Reihe von Grundvoraussetzungen erfüllt sein müssen, damit ein wirksamer Wettbewerb unter Parallelimporteuren entstehen kann. Entscheidend sind dabei:

- Eine Beschränkung des Rückerstattungsbetrages auf den Preis des günstigsten aller wirkstoffgleichen Arzneimittel,
- Anweisungen an die Apotheker, das günstigste aller wirkstoffgleichen Produkte abzugeben,
- eine Entkopplung des Vertriebsaufschlages vom Fabrikabgabepreis,

Tabelle 6.6 Auswirkungen eines Systemwechsels auf die Arzneimittelausgaben in der Schweiz

Alle Werte in Mio. CHF zu Grosshandelspreisen (ausser anders angeben)	**MIN**	**MAX**
Gesamtumsatz patentgeschützter Arzneimittel	1'854	1'854
Prozentsatz aller Arzneimittel, welche im Ausland erhältlich sind	70%	98%
Gesamtumsatz der patentgeschützten Arzneimittel, welche im Ausland erhältlich sind	1'298	1'817
Marktanteil parallelimportierter Arzneimittel am patentgeschützten Arzneimittelmarkt	7%	18%
Umsatz patentgeschützter parallelimportierter Arzneimittel	148	332
Durchschnittlicher Preisvorteil parallelimportierter Arzneimittel	2%	16%
Direkte Einsparungen durch den Parallelhandel	2	54
Direkte Einsparungen durch den Parallelhandel, gemessen an den Arzneimittelausgaben	0.1%	1.7%
Umsatz der inländischen Produkte, welche dem Wettbewerb durch parallelimportierte Arzneimittel ausgesetzt sind	1'150	1'485
Preisrückgang auf inländische Produkte, welche dem Wettbewerb durch parallelimportierte Arzneimittel ausgesetzt sind	0%	1%
Indirekte Einsparungen durch den Parallelhandel	0	15
Gesamteinsparungen durch den Parallelhandel	2	69
Gesamte Einsparungen durch den Parallelhandel, gemessen an den Arzneimittelausgaben	0.1%	2.2%

Quelle: Eigene Berechnungen

- ein Verbot von Rabatten,
- die Unabhängigkeit des Einzelhandels vom Grosshandel.

Keine dieser Bedingungen ist in der Schweiz ausreichend erfüllt. Problematisch ist insbesondere die zunehmende Verflechtung von Produktion, Gross- und Einzelhandel. Unter den geltenden Rahmenbedingungen ist damit zu rechnen, dass die Einsparungen durch den Parallelhandel sehr gering wären. Sollte die Schweiz die im Kapitel 6.4 skizzierten Reformen umsetzten, so ist mit jährlichen Einsparungen von bis zu 70 Millionen Franken zu rechnen. Pro Kopf und Monat können Parallelimporte das Arzneimittelbudget gemäss dem optimistischen Szenario um etwas weniger als einen Franken entlasten.

6.6   Schlussfolgerungen für die Schweiz

Zwischen den skandinavischen Ländern lassen sich deutliche Unterschiede bezüglich der durch den Parallelhandel erzielten Spareffekte beobachten. Während die Einsparungen in Norwegen verschwindend klein sind, führen Parallelimporte in Schweden zu messbaren Kostensenkungen. Die grossen Unterschiede lassen sich durch die unterschiedlichen Rahmenbedingungen in den zwei Nachbarländern erklären. Eine Betrachtung der gegenwärtigen Rahmenbedingungen in der Schweiz führt zum Schluss, dass die Arzneimittelpreise nach einer Zulassung von Parallelimporten patentgeschützter Arzneimittel nur unwesentlich sinken würden.

Derzeit sind Grosshändler und Apotheker nicht verpflichtet, ein günstigeres parallelimportiertes Produkt zu verkaufen, sobald ein solches verfügbar wird. Patienten haben oftmals keine, oder nur sehr geringe Anreize, ein günstigeres parallelimportiertes Produkt zu verlangen. Bei den Generika ist die Situation nur unwesentlich besser. Der differenzierte Selbstbehalt erhöht zwar die Anreize, anstelle des Originals ein Generikum zu kaufen, der Anreiz zum günstigsten Generikum zu wechseln, ist jedoch unverändert tief. Die Generikapauschale, deren Einführung wesentlich zur eindrücklichen Entwicklung des Generikamarktes beigetragen hat, ist problematisch, da Renten vom Produzenten zum Apotheker umverteilt werden und nicht, wie dies sinnvoll wäre, zum Konsumenten. Es erstaunt daher nicht, dass die Preise der Originale seit der Umsetzung des differenzierten Selbstbehaltes deutlich stärker gefallen sind als diejenigen der Generika[24]. Neuere Erhebungen zeigen, dass die Preise für Generika in der Schweiz 34% höher sind als in Deutschland[25], wo die Preise generell höher sind als in Grossbritannien oder Dänemark. Ein europäischer Preisvergleich der 35 umsatzstärksten generischen Wirkstoffe zeigt, dass Schweizer Patienten in der Apotheke für Generika rund doppelt so viel bezahlen wie in Grossbritannien[26]. Gleichzeitig ist in der Schweiz der Anteil der Generika gemessen an der Anzahl verkaufter Packungen, deutlich geringer als in Deutschland, Grossbritannien oder Dänemark. Hohe Preise und

---

24 Binder T. (2007), Pharmamarkt Schweiz 2006, IMS Health GmbH, S. 7, 18
25 e-mediat, Mai 2007, Gewichteter Vergleich der Fabrikabgabepreise von 212 Generika mit Deutschland nach Laspeyre Index
26 IMS Generikastudie, April 2007, Who benefits from generics?, S. 28/29

tiefe Marktanteile für Generika sind die Konsequenz einer mangelhaft durchdachten Gesundheitspolitik.

In der kurzen und mittleren Frist ist es daher empfehlenswert, die im Kapitel 6.3 skizzierten Reformen umzusetzen. Die Einsparungen, welche sich aus der Belebung des Generikawettbewerbs ergeben, übersteigen die möglichen Einsparungen aus dem Parallelhandel um ein Vielfaches. Längerfristig sollte eine Neubewertung der möglichen Einsparungen aus dem Parallelhandel unter verbesserten Rahmenbedingungen in Betracht gezogen werden. Eine solche Bewertung sollte sowohl kurzfristige (Arzneimittelausgaben) als auch langfristige (Standortpolitik) Überlegungen beinhalten.

7

Quellenverzeichnis

7.1 Bibliographien

Addor, F (2004): „Parallelimporte patentierter Waren: Eine unendliche Geschichte?" Speaking notes, press seminar „Parallelimporte Patentgeschützter Medikamente", Berne, June 29th, 2004

Binder T. (2007): Pharmamarkt Schweiz 2006, IMS Health GmbH, Hergiswil http://www.ihaims.ch/Uploads/N274.pdf

Bouvy. F (2003): Overview of pricing and reimbursement measures taken since January 1993, European Federation of Pharmaceutical Industry Associations (EFPIA), Brussels

Bouvy. F (2003): Reference Price Systems, an overview, Federation of Pharmaceutical Industry Associations (EFPIA), Brussels

Bundesamt für Gesundheit (2001): Die Obligatorische Krankenversicherung kurz erklärt, Berne

Bundesministerium für Justiz: Sozialgesetzbuch – Fünftes Buch (V) – Gesetzliche Krankenversicherung (Artikel 1 des Gesetzes v. 20. Dezember 1988, BGBl. I S. 2477), http://bundesrecht.juris.de/sgb_5/, accessed on 20.02.2006

Cambridge Pharma Consulting (2002): Delays in Market Access, Cambridge, UK

College Tarieven Gezondheidszorg: Tariefbeschikking, www.ctg-zaio.nl, accessed on 13.02.2006

Danzon, P. (1997): Pharmaceutical Price Regulation, National Policies versus Global Interests, Washington

Danzon, P. (2001): Reference Pricing Theory and Evidence, Wharton School, University of Pennsylvania, Philadelphia

Department of Health (2006): 2005 Consultation Document Arrangements for the Provision of Dressings, Incontinence Appliances, Stoma Appliances, Chemical Reagents and Other Appliances to Primary and Secondary Care, London

DiMasi. J, (2002): Price trends for prescription pharmaceuticals: 1995–1999, a background report for the department of health and human services, http://aspe.hhs.gov/health/reports/Drug-papers/dimassi/dimasi-final.htm, accessed on 13.02.2006

DiMasi, J. (2004): The economics of follow-on drug research and development, Pharmacoeconomics 2004; 22 Suppl. 2: 1–14

DiMasi, J et al. (2003): The price of innovation: New estimates of drug developing costs, J. of Health Economics, 22 (2003) 151–185

Eidgenössisches Volkswirtschaftsdepartement (2000): Parallelimporte und Patentrecht. Bericht des Bundesrates vom 8. Mai 2002 in Beantwortung der Anfrage der Kommission für Wirtschaft und Aufgaben des Nationalrates (WAK) vom 24. Januar 2000

European Commission (1982): European Commission Communication AB1 Nr. C 115, 06.05.1982

European Court of Justice (1974): Judgement of the Court In Case 15/74, between Centrafarm BV et Adriaan de Peijper v Sterling Drug Inc.

European Court of Justice (1998): Judgement of the Court In Case C-355/96, between Silhouette International Schmied GmbH & Co. KG

European Court of Justice (1999): Judgement of the Court in Case C-173/98, between Sebago Inc. and Ancienne Maison Dubois et Fils SA and GB-Unic SA

European Court of Justice (2001): Judgement of the Court in Case 15/01, between Paranova Läkemedel et al. vs. Läkemedelsverket

European Court of Justice (2002): Opinion of Advocate General Léger in Case C-438/02, between Åklagaren v Krister Hanner

European Court of Justice (2004): Judgement of the Court in joined Cases C-2/01 P and C-3/01, between Bundesverband der Arzneimittel-Importeure eV et al. and Bayer AG et al.

European Court of Justice (2006): Judgment of the Court of First Instance in Case T-168/01, between GlaxoSmithKline Services Unlimited and the Commission of European Communities et al.

European Federation of Pharmaceutical Industries Association, EFPIA (2006): The Pharmaceutical Industry in Figures, 2006 Edition, Brussels

Frank R.G., Salkever D.S. (1997): Generic Entry and the Pricing of Pharmaceuticals, J. of Econ & Management Strategy, Spring, S. 75–90

Ganslädt M, Maskus K (2001): Parallel Imports of Pharmaceuticals in the European Union, Working Paper No 546, 2001, The Research Institute of Industrial Economics, Stockholm

Ganslandt M., Maskus K.E. (2004): Parallel Imports of Pharmaceuticals in the European Union, J. of Health Economics 23 (2004) 1035–1057

Glenngård A. et al. (2005): Health Systems in Transition: Sweden, Vol. 7 No. 4, Page 48, European Observatory on Health Systems and Policies, Copenhagen

Glynn D. et al. (1997): Survey of parallel trade, National Economic Research Associates NERA, London

Haigh, J. (2003): Parallel Trade in Europe, Strategies for Global Corporations, IMS Health, London

Huskamp, A et al. (2003): The Effect of Incentive-Based Formularies on Prescription-Drug Utilisation and Spending, N Engl. J Med 2003;349:2224–32.

Roth Johnsen J. (2006): Health Systems in Transition: Norway, Vol. 8 No. 1 2006, The European Observatory on Health Systems and Policies, Copenhagen, Denmark

IMS Consulting (2003): A comparison of pharmaceutical pricing in Switzerland with selected reference countries, London

Infras/Basys (2002): Auswirkungen staatlicher Eingriffe auf das Preisniveau im Bereich Humanarzneimittel, Bericht im Auftrag des Bundesrates,

International Trade Administration, U.S. Department of Commerce (2004): Pharmaceutical Price Controls in OECD Countries Implications for U.S. Consumers, Pricing, Research and Development, and Innovation, http://www.ita.doc.gov/td/health/DrugPricingStudy.pdf

Interpharma (2006): Pharmamarkt Schweiz, Ausgabe 2005, Basel

IMS Health (2006): Pricing and Market Access Review 2005, Cambridge, UK

IPSE: Parallel- und Reimporte von Arzneimitteln, Rechtliche Rahmenbedingungen in der Bundesrepublik Deutschland

Kanavos P. and Costa-Font J (2005): Pharmaceutical parallel trade in Europe: stakeholder and competition effects, Economic Policy October 2005, p 778

Knox, D, Richardson, M. (2002): Trade policy and parallel imports, European Journal of Political Economy Vol 19 (2002) 133–151, University of Otago, Dunedin, New Zealand

Läkemedelindustrieföreningen, LIF (2006): FAKTA 2006, Pharmaceutical Market and Health Care, Stockholm

Legemiddelindustrieforenigen, LMI (2002): Facts and Figures 2006: Medicines and Healthcare, Oslo, Norway, http://www.lmi.no/FullStory.aspx?m=146

Legemiddelindustrieforenigen, LMI (2006): Facts and Figures 2006: Medicines and Healthcare, Oslo, Norway, http://www.lmi.no/tf/2006/files/english/facts_and_figures_2006.pdf

Legemiddelindustrieforenigen, LMI (2007): Facts and Figures 2007: Medicines and Healthcare, Oslo, Norway, http://www.lmi.no/tf/2007/english/facts_and_figures_2007.pdf

Larsson. P (1999): Parallel Imports – Effects of the Silhouette Ruling, The Swedish Competition Authority, Stockholm

Maskus, K. E (2002): Vertical price control and parallel imports: theory and evidence, Washington D.C., The World Bank Group

Mepha Pharma AG (2005): Präsentation zur Jahres-Medienkonferenz, 03.02.2005

Mepha Pharma AG (2007): Präsentation zur Jahres-Medienkonferenz der Mepha-Gruppe, 19.01.2007

Morten Dalelen D. et al. (2006): Dag Morten Dalen et al. (2006), Price regulation and generic competition in the pharmaceutical market, University of Oslo, Health Economics Research Programme, Working Paper 2006.1

El Mundo (2005): Sanidad rebaja el precio de unos 4.500 medicamentos, 01.03.2005, http://www.el-mundo.es/elmundosalud/2005/03/01/industria/1109675885.html, accessed 20.02.2006

Nguyen, N (1997): Physician behavioural response to a Medicare price reduction, Health Service Research

Pedersen K. et al. (2006): The economic impact of parallel import of pharmaceuticals, University of Southern Denmark, Odense

Poget, C. (2005): Are interventions in pharmaceutical markets an effective tool for cost containment? WWZ-Forschungsbericht, Basel

Reiffen D. and Ward M. (2002): Generic Drug Industry Dynamics, The Federal Trade Commission, Washingtom

Roth Johnsen J. (2006): Health Systems in Transition: Norway, Vol. 8 No. 1 2006, The European Observatory on Health Systems and Policies, Copenhagen, Denmark

Seydoux, Y (2005): Die schweizerische Bevölkerung bezahlt zu viel für Medikamente, Press Statement, Santésuisse, Solothurn

Swiss Federal Statistics Office (2005): Kosten und Finanzierung des Gesundheitswesens 2003, Neuchâtel

West P, Mahon. J (2002): Benefits to patients and payers from parallel trade, The York Health Economic Consortium

Vallgårda S. et al. (2001): Healthcare Systems in Transition: Denmark, Vol. 8, Nr. 7, The World Health Organization Regional Office for Europe, Copenhagen

Vaterlaus, S (2004): Auswirkungen eines Wechsels zur regionalen Erschöpfung im Patentrecht
Aktualisierung und Ergänzung des Berichts «Erschöpfung von Eigentumsrechten: Auswirkungen eines Systemwechsels auf die schweizerische Volkswirtschaft», Plaut Economics, Berne

Vaterlaus, S (2002): Erschöpfung von Eigentumsrechten: Auswirkungen eines Systemwechsels
auf die schweizerische Volkswirtschaft, Plaut Economics, Berne, Frontier Economics, London

Vaterlaus, S (2004): Warum erodieren Parallelimporte die Preisinsel Schweiz nicht stärker? Ermittlung der Rolle der geistigen Schutzrechte anhand exploratorischer Expertengespräche, Plaut Economics, Berne

VFA (2004): Reimporte: Kostendämpfung auf dem Irrweg, http://vfa.de/de/politik/artikelpo/reimporte.html, acceeded on 15.02.2006

Woodfield, A. (1999): Augmenting Reference Pricing of Pharmaceuticals with strategic cross-product agreements, University of Canterbury Working Paper, Christchurch, New Zealand

World Health Organization, (2002): Healthcare Systems in Transition: Switzerland, The World Health Organization, Copenhagen

World Trade Organisation: Agreement on Trade-Related Aspects of Intellectual Property Rights (TRIPS)

7.2   Interviews

Association of the British Pharmaceutical Industry (ABPI), Phil O'Neill, December 2nd, 2003

Eurim-Pharm, Andreas Mohringer, May 18th, 2004, Teleconference

European Federation of Pharmaceutical Industries Associations (EFPIA): François Bouvy, Brussels, November, 2003

Interpharma: Thomas Cueni, Heiner Sandmeier, Vincenza Trivigno, Basel, Multiple interviews 2002 through 2004

Lægemiddelindustriforeningen (Lif DK): Jørgen Clausen, Copenhagen, June 4th, 2004

Läkemedelsindustriföreningen, (LIF): Olle Hageberg, Teleconference, October, 2004

Legemiddelindustrieforenigen (LMI): Erik A. Stene, Per Olav Kormeset, Oslo, Novemeber 19th, 2004

Leo-Pharma: Jesper Noerregard, June 17th, 2004, Teleconference

Novartis (Pharma) AG: Martin Batzer, November 2003, Basel

Novartis International AG: Ernst Buser, October 2002, Basel

Orifarm (Danmark) A/S: Hans Bøgh-Sørensen, Thomas Brandhof, Ulrik Markussen, June 3rd, 2004

Orifarm (Sverige) AB: Fredrik Persson, Teleconference, May 26th, 2004

Pharos: Theo Berendsen, Barneveld (NL), June 21st, 2004

Roche Deutschland Holding GmbH: Karl Schlingensief, Alexander Keusgen multiple interviews in 2003 and 2004

Roche Diagnostics (Deutschland) GmbH: Wulf-Fischer Knuppertz, Feruary 7th, 2004

Roche (Pharma) AG: Hans-Ruedi Wiedmer, René Imhof, Peter Heer, multiple interviews in 2003 and 2004

UCB Pharma: Christian Matton, Simon Loomann, Brussels, June 17th, 2004

Verband Forschender Arznemittelherstller (VFA): Walter Wittig, multiple interviews in 2003 and 2004

7.3   Datenbanken

Danish Medicine Agency (Lægemiddelstyrelsen): 5-year rolling pricing drug pricing database, all drugs grouped by ATC5 code, supplier, pack size, dosage, galenic form

Dansk Lægemiddel Information A/S: Sales and revenue information all ATC5 groups in Denmark, June 1999-July 2004, grouped by distribution channel (locally sourced or parallel traded)

EFPIA Statistics 2003: General Drug Market Statistics from all EFPIA member countries plus USA & Japan, data includes channel specific sales at pharmacy purchasing prices, R&D figures, basic pricing information

Farmastat AS: Sales Information: Sales and Revenue Information on 25 top selling products in Norway, pack specific data, grouped by product, dosage, pack size, galenic form and provider, annual (Oct 2004–Sep2003)

Läkemedelsstatistik AS: Sales and Revenue Information on 26 top selling products in Sweden, pack specific data, grouped by product, dosage, pack size, galenic form and provider, monthly January 2001–October 2004

OECD Health Data, 2003/2004/2005

Printed in the United States
By Bookmasters